도형을 잡으면 수학이 완성된다!

기적의 중학도형

1권

Ⅰ. 기본 도형과 작도
Ⅱ. 평면도형
Ⅲ. 입체도형

기적의 중학도형 1권

초판 발행 2019년 7월 25일
초판 14쇄 2023년 8월 16일

지은이 기적학습연구소
발행인 이종원
발행처 길벗스쿨
출판사 등록일 2006년 6월 16일
주소 서울시 마포구 월드컵로 10길 56(서교동)
대표 전화 02)332-0931 | **팩스** 02)323-0586
홈페이지 www.gilbutschool.co.kr | **이메일** gilbut@gilbut.co.kr

기획 및 책임 편집 이선정(dinga@gilbut.co.kr)
제작 이준호, 손일순, 이진혁 | **영업마케팅** 문세연, 박다슬 | **웹마케팅** 박달님, 정유리, 윤승현
영업관리 김명자, 정경화 | **독자지원** 윤정아, 최희창 | **편집진행 및 교정** 이선정, 최은희
표지 디자인 정보라 | **표지 일러스트** 김다예 | **내지 디자인** 정보라
전산편집 보문미디어 | **CTP 출력·인쇄** 교보P&B | **제본** 신정제본

ISBN 979-11-6406-040-5 54410
(길벗 도서번호 10701)
정가 12,000원

독자의 1초를 아껴주는 정성 길벗출판사

길벗스쿨 | 국어학습서, 수학학습서, 유아학습서, 어학학습서, 어린이교양서, 교과서
길벗 | IT실용서, IT/일반 수험서, IT전문서, 경제실용서, 취미실용서, 건강실용서, 자녀교육서
더퀘스트 | 인문교양서, 비즈니스서
길벗이지톡 | 어학단행본, 어학수험서

중학교에서 배운 도형,
수능까지 갑니다!

도형 파트의 절반을 중학교에서 배운다는 것을 알고 있나요?
중학교에서는 도형을 논리적이고 추상적인 수학 언어로 표현하는 방법을 배웁니다.
초등학교에서는 직관적으로 도형의 개념을 익히고, 고등학교에서는 중학교에서 배운 도형을 함수처럼 좌표평면 위에 올려서 대수적으로 계산하죠.
중등이 도형의 핵심이고, 초등은 워밍업, 고등은 복습인 셈입니다.

그렇기 때문에 도형은 지금 잡아야 고등학교에서 헤매지 않아요. 같은 도형이라도 접근법이 다르기 때문에 지금 제대로 정리하지 않으면 고등학교에서 어려움을 겪게 됩니다. 도형의 정의와 성질은 중학교에서만 다루거든요. 내신이나 수능에서 출제되는 어려운 문제는 중학교 내용을 이용하는 경우가 많아요.

수영을 배운다고 생각해 보세요. 물에 익숙해지는 데까지 시간이 필요하지만, 차근차근 제대로 몸에 익히면 몇 년 만에 다시 물에 뛰어들어도 수영하는 법을 잊지 않죠.
도형 공부도 마찬가지! 논리적으로 생각해야 하는 영역이라 한 문제를 풀더라도 충분한 시간이 필요하죠. 오래 걸리더라도 직접 해 보고 정확하게 표현하면서 완전히 내 것으로 만들어야 수능까지 개념이 연결됩니다.

도형만큼은 중학교에서 꽉 잡고 가세요. 다른 것도 공부하느라 바쁜 고등학교에서 다시 중학교 책을 붙들고 공부할 수는 없잖아요. 지금 제대로 익히면 고등학교 기하 영역만큼은 쉽게 정복할 수 있어요.

자, 이제 도형을 차근차근 시작해 볼까요?

길벗스쿨 기적학습연구소

3단계 다면학습으로 다지는 중학수학

1

눈으로

해결전략훈련

개별적용훈련

용어모아보기

❶단계 | 도형 이미지 형성

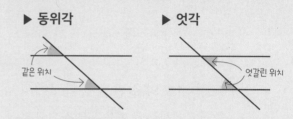

▶ 동위각   같은 위치

▶ 엇각   엇갈린 위치

평행선의 성질 ❶ 평행선에서 동위각의 크기는 서로 같다.
평행선의 성질 ❷ 평행선에서 엇각의 크기는 서로 같다.

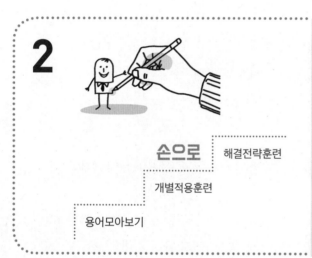

2

손으로

해결전략훈련

개별적용훈련

용어모아보기

❷단계 | 수학적 개념 확립

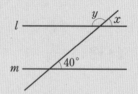

➡ $\angle x = 40°$ ($\because$ 동위각)

$\angle y = 180° - 40° = 140°$ ($\because$ 평각)

3

머리로

해결전략훈련

개별적용훈련

용어모아보기

❸단계 | 원리의 적용·활용

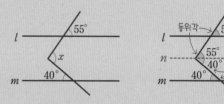

step1 보조선 n을 긋는다.
step2 동위각과 엇각을 찾는다.
$\angle x = 55° + 40° = 95°$

눈으로 보고, 손으로 익히고, 머리로 적용하는 3단계 다면학습을 통해 수학적 언어로 표현하고 공식의 원리를 체득하고 해결 전략을 세우면서 중학교 수학의 기본기를 다질 수 있습니다.

삼각형, 사각형, 원 모양의 물건들은 눈만 뜨면 어디서든 쉽게 찾을 수 있어서 도형의 개념은 이미 잘 알고 있다고 착각하기 쉽습니다. 생활 속에서 충분히 반복하는 영역이기 때문입니다. 하지만 안다고 생각해도 대부분 수학적으로 설명하기는 어렵습니다. '선'이라는 용어에는 직선도 곡선도 포함되지만 보통은 직선만을 떠올립니다. '원'은 평면 위의 한 점에서 거리가 같은 점을 모두 모아놓은 것이지만 막연하게 동그란 모양이라고 생각하기 쉽죠.

이렇게 중학교 수학에서는 용어와 공식이 많이 등장합니다. 비슷비슷하고 헷갈리는 용어와 공식을 모아서 보면 짐작이나 고정관념에 의해 생기기 쉬운 오개념을 수정하거나 수학적으로 표현하는 데 도움이 됩니다.

관련이 있는 개념을 묶어서 한눈에 담아 나만의 도형 이미지를 만드세요. 도형은 전체적인 그림을 알고 부분을 채우는 것이 오류를 줄이는 가장 좋은 방법입니다.

도형에서는 다음 두 가지가 가장 중요합니다.

하나, 용어의 정의

수학도 암기 과목이라고 부르는 이유는 수학적 '정의'에 있습니다. 일상적인 언어나 막연한 개념과는 다르게 정확한 용어가 중요하기 때문입니다. 수학에서 용어의 정의는 문제를 푸는 데도, 도형의 증명에도 꼭 필요합니다.

둘, 공식의 증명과 문제 적용

도형에서 눈으로 보는 것과 직접 풀어 보는 것은 확연하게 다릅니다. 공식을 암기해도 문제에 어떻게 적용해야 할지 난감할 때가 많기 때문입니다. 공식의 구성 요소 사이에 어떤 관계가 있는지 파악하여 직접 증명해 보고, 문제에 적용하면서 원리를 체득해야 합니다.

도형에서 수학적 정의와 공식의 체득만으로 활용 문제까지 해결하기는 어렵습니다. 도형에서의 어려운 문제는 대부분 원리를 이용한 해결 전략을 세운 후 풀어야 하기 때문입니다. 대표적인 경우가 보조선을 긋는 문제이죠. 도형을 나누거나, 연장선을 긋거나, 꼭짓점을 연결하거나, 평행선을 그어야 하는 경우를 말합니다. 게다가 앞 단원이나 이전 학년에서 배운 내용까지 이용해야 할 때도 있습니다.

실제 시험에서 출제되는 문제는 이렇게 개념을 활용하여 한 단계를 거쳐야만 비로소 답을 구할 수 있습니다. 제대로 개념이 형성되어 있어야 문제를 접했을 때 어떤 개념이 필요한지 파악하여 적재적소에 적용할 수 있습니다. 다양한 유형의 문제를 접하고, 필요한 개념을 적용시켜 풀어 보면서 문제 해결 능력을 키우세요.

구성 및 학습설계 : 어떻게 볼까요?

1단계 눈으로 보는 VISUAL IDEA

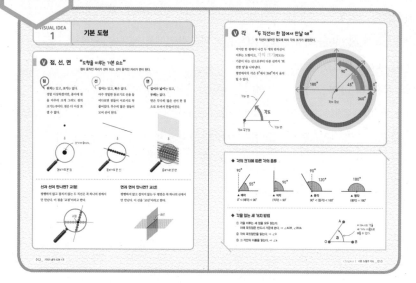

문제 훈련을 시작하기 전 가벼운 마음으로 읽어 보세요.

나무가 아니라 숲을 보아야 해요. 하나하나 파고들어 이해하기보다 위에서 내려다보듯 전체를 머릿속에 담아서 나만의 도형 이미지를 만들어 보세요.

2단계 손으로 익히는 ACT

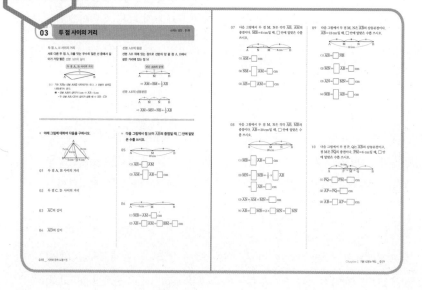

개념을 꼼꼼히 읽은 후 손에 익을 때까지 문제를 반복해서 풀어요. 이때 공식은 암기해 두는 것이 좋습니다.

완전히 이해될 때까지 쓰고 지우면서 풀고 또 풀어 보세요.

3단계 머리로 적용하는 ACT+

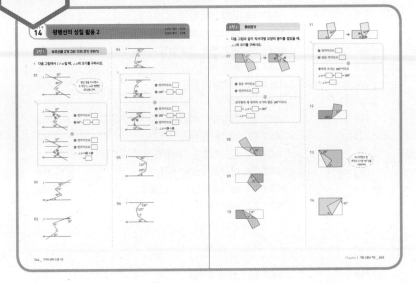

도형의 기본 문제보다는 다소 어렵지만 꼭 익혀두어야 할 유형의 문제입니다.
차근차근 첫 번째 문제를 따라 풀고, 이어지는 문제로 직접 풀면서 연습할 수 있도록 설계되어 있습니다.
다양한 유형으로 문제 적용 방법을 익히세요.

Test 평가

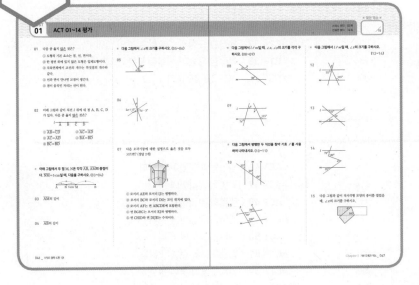

앞에서 배운 내용을 얼마나 이해하고 있는지를 확인하는 단계입니다.
배운 내용을 꼼꼼하게 확인하고, 틀린 문제는 앞의 **ACT**나 **ACT+**로 다시 돌아가 한번 더 연습하세요.

목차와 스케줄러

Chapter I 기본 도형과 작도

VISUAL IDEA 01	기본 도형	012
ACT 01	도형의 이해	014
ACT 02	직선, 반직선, 선분	016
ACT 03	두 점 사이의 거리	018
ACT 04	각	020
ACT 05	맞꼭지각	022
ACT 06	수직과 수선	024
VISUAL IDEA 02	점, 선, 면의 위치 관계	026
ACT 07	평면에서 위치 관계	028
ACT 08	공간에서 두 직선의 위치 관계	030
ACT 09	공간에서 직선과 평면의 위치 관계 / 두 평면의 위치 관계	032
ACT+ 10	여러 가지 위치 관계	034

VISUAL IDEA 03	도형의 기호와 각의 성질	036
ACT 11	동위각과 엇각	038
ACT 12	평행선의 성질	040
ACT+ 13	평행선의 성질 활용 1	042
ACT+ 14	평행선의 성질 활용 2	044
TEST 01	ACT 01~14 평가	046
VISUAL IDEA 04	삼각형의 합동	048
ACT 15	작도	050
ACT 16	삼각형의 세 변의 길이 사이의 관계	052
ACT 17	삼각형의 작도	054
ACT 18	도형의 합동 / 합동인 도형의 성질	056
ACT 19	삼각형의 합동 조건	058
ACT+ 20	삼각형의 합동 조건 활용	060
TEST 02	ACT 15~20 평가	062

Chapter II 평면도형

VISUAL IDEA 05	내각과 외각	066
ACT 21	다각형과 정다각형	068
ACT 22	다각형의 대각선	070
ACT 23	삼각형의 내각 / 외각	072
ACT+ 24	삼각형의 내각과 외각 복합 문제 1	074
ACT+ 25	삼각형의 내각과 외각 복합 문제 2	076
ACT 26	다각형의 내각의 크기의 합	078
ACT 27	다각형의 외각의 크기의 합	080
ACT 28	정다각형의 한 내각과 한 외각의 크기	082
TEST 03	ACT 21~28 평가	084
VISUAL IDEA 06	원과 원의 구성 요소	086
ACT 29	원과 부채꼴 1	088

ACT 30	원과 부채꼴 2	090
ACT+ 31	원과 부채꼴의 활용	092
VISUAL IDEA 07	원의 공식	094
ACT 32	원의 둘레의 길이와 넓이	096
ACT 33	부채꼴의 호의 길이와 넓이	098
ACT 34	부채꼴의 호의 길이와 넓이 사이의 관계	100
ACT+ 35	부채꼴의 색칠한 부분의 둘레의 길이와 넓이	102
ACT+ 36	복잡한 도형의 색칠한 부분의 둘레의 길이	104
ACT+ 37	복잡한 도형의 색칠한 부분의 넓이 1	106
ACT+ 38	복잡한 도형의 색칠한 부분의 넓이 2	108
TEST 04	ACT 29~38 평가	110

Chapter III 입체도형

VISUAL IDEA 08	다면체와 회전체	114
ACT 39	다면체	116
ACT 40	정다면체	118
ACT 41	정다면체의 전개도	120
ACT 42	회전체	122
ACT 43	회전체의 성질	124
ACT 44	회전체의 전개도	126
TEST 05	ACT 39~44 평가	128
VISUAL IDEA 09	입체도형의 겉넓이와 부피	130
ACT 45	각기둥의 겉넓이와 부피	132

ACT 46	원기둥의 겉넓이와 부피	134
ACT 47	각뿔의 겉넓이와 부피	136
ACT 48	원뿔의 겉넓이와 부피	138
ACT+ 49	뿔대의 겉넓이와 부피	140
ACT 50	구의 겉넓이와 부피	142
ACT+ 51	입체도형의 겉넓이 활용	144
ACT+ 52	입체도형의 부피 활용 1	146
ACT+ 53	입체도형의 부피 활용 2	148
TEST 06	ACT 45~53 평가	150

"하루에 공부할 양을 정해서, 매일매일 꾸준히 풀어요."

일주일에 5일 동안 공부하는 것을 목표로 합니다. 공부할 날짜를 적고, 계획을 지킬 수 있도록 노력하세요.

ACT 01	ACT 02	ACT 03	ACT 04	ACT 05	ACT 06
월 일	월 일	월 일	월 일	월 일	월 일
ACT 07	ACT 08	ACT 09	ACT+ 10	ACT 11	ACT 12
월 일	월 일	월 일	월 일	월 일	월 일
ACT+ 13	ACT+ 14	TEST 01	ACT 15	ACT 16	ACT 17
월 일	월 일	월 일	월 일	월 일	월 일
ACT 18	ACT 19	ACT+ 20	TEST 02	ACT 21	ACT 22
월 일	월 일	월 일	월 일	월 일	월 일
ACT 23	ACT+ 24	ACT+ 25	ACT 26	ACT 27	ACT 28
월 일	월 일	월 일	월 일	월 일	월 일
TEST 03	ACT 29	ACT 30	ACT+ 31	ACT 32	ACT 33
월 일	월 일	월 일	월 일	월 일	월 일
ACT 34	ACT+ 35	ACT+ 36	ACT+ 37	ACT+ 38	TEST 04
월 일	월 일	월 일	월 일	월 일	월 일
ACT 39	ACT 40	ACT 41	ACT 42	ACT 43	ACT 44
월 일	월 일	월 일	월 일	월 일	월 일
TEST 05	ACT 45	ACT 46	ACT 47	ACT 48	ACT+ 49
월 일	월 일	월 일	월 일	월 일	월 일
ACT 50	ACT+ 51	ACT+ 52	ACT+ 53	TEST 06	
월 일	월 일	월 일	월 일	월 일	

기적의 중학도령

Chapter I

기본 도형과 작도

keyword

점, 선, 면, 직선, 반직선, 선분, 맞꼭지각, 수직과 수선,
동위각, 엇각, 평행선, 작도, 합동, 삼각형의 합동 조건

Ⓥ 점, 선, 면   "도형을 이루는 기본 요소"

점이 움직인 자리가 선이 되고, 선이 움직인 자리가 면이 된다.

점

위치는 있고, **크기**는 없다.

정말 이상하겠지만, 종이에 점을 아무리 크게 그려도 점의 크기는 **0**이다. 점은 더 이상 쪼갤 수 없다.

선

길이는 있고, **폭**은 없다.

아주 정밀한 돋보기로 선을 들여다보면 점들이 서로서로 꼭 붙어있다. 무수히 많은 점들이 모여 선이 된다.

면

길이와 **넓이**는 있고, **두께**는 없다.

면은 무수히 많은 선이 한 겹으로 모여서 만들어진다.

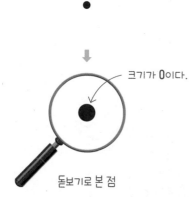

크기가 **0**이다.

돋보기로 본 점

돋보기로 본 선

돋보기로 본 면

선과 선이 만나면? 교점!

평행하지 않고 겹치지 않는 두 직선은 꼭 하나의 점에서 만 만난다. 이 점을 '교점'이라고 한다.

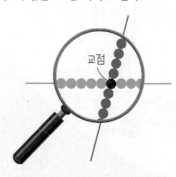

교점

면과 면이 만나면? 교선!

평행하지 않고 겹치지 않는 두 평면은 꼭 하나의 선에서 만 만난다. 이 선을 '교선'이라고 한다.

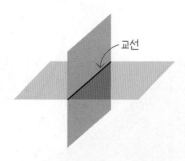

교선

Ⅴ 각 "두 직선이 한 점에서 만날 때"

두 직선이 벌어진 정도에 따라 각의 크기가 결정된다.

각이란 한 점에서 나간 두 개의 반직선이 이루는 도형이고, 각의 크기(각도)는 기준이 되는 선으로부터 다른 선까지 '회전한 양'을 나타낸다.

평면에서의 각은 0°에서 360°까지 움직일 수 있다.

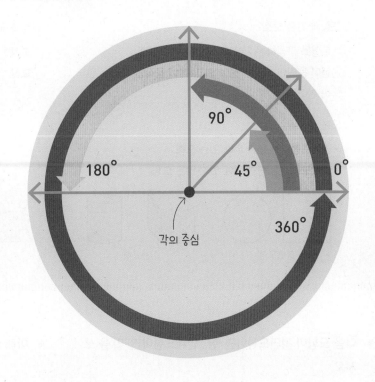

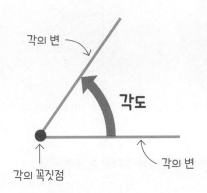

◆ 각의 크기에 따른 각의 종류

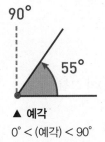

▲ 예각
0° < (예각) < 90°

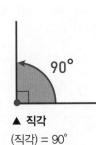

▲ 직각
(직각) = 90°

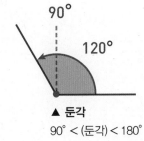

▲ 둔각
90° < (둔각) < 180°

▲ 평각
(평각) = 180°

◆ 각을 읽는 세 가지 방법

① 각을 이루는 세 점을 모두 읽는다.
   이때 꼭짓점은 반드시 가운데 쓴다. ➡ ∠AOB, ∠BOA

② 각의 꼭짓점만을 읽는다. ➡ ∠O

③ 그 각만의 이름을 읽는다. ➡ ∠a

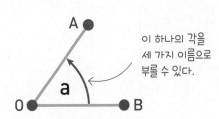

이 하나의 각을 세 가지 이름으로 부를 수 있다.

도형의 기본 요소

- 도형을 구성하는 기본 요소는 점, 선, 면이다.
- 점이 움직인 자리는 선이 되고, 선이 움직인 자리는 면이 된다.

도형의 종류

- **평면도형** : 한 평면 위에 있는 도형
- **입체도형** : 한 평면 위에 있지 않은 도형

평면도형   입체도형

교점과 교선

- **교점** : 선과 선 또는 선과 면이 만나서 생기는 점
- **교선** : 면과 면이 만나서 생기는 선

 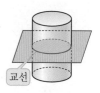

---

* 다음 도형이 평면도형이면 '평', 입체도형이면 '입'을 쓰시오.

01

(   )

02

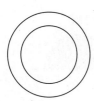

(   )

03

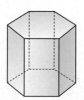

(   )

* 아래 입체도형에 대하여 다음을 구하시오.

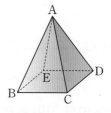

04 모서리 AC와 모서리 BC의 교점

05 모서리 BE와 모서리 ED의 교점

06 면 ACD와 면 AED의 교선

07 면 BCDE와 면 ABC의 교선

*　다음 도형에서 교점의 개수와 교선의 개수를 구하시오.

08

교점 : _____

09

교점 : _____

10

(교점의 개수)=(꼭짓점의 개수)
(교선의 개수)=(모서리의 개수)

교점 : _____

교선 : _____

11

교점 : _____

교선 : _____

*　다음 설명 중 옳은 것에는 ○표, 옳지 않은 것에는 ×표
를 하시오.

12　입체도형은 점, 선, 면으로 이루어져 있다.

(　　　　)

13　점이 움직인 자리는 면이 되고, 선이 움직인 자리
는 점이 된다.　　　　(　　　　)

14　면과 면이 만나서 생기는 선을 교선이라고 한다.

(　　　　)

15　교점은 선과 선이 만나는 경우에만 생긴다.

(　　　　)

16　한 평면 위에 있는 도형은 입체도형이다.

(　　　　)

17　직육면체에서 두 평면의 교선은 모서리이다.

(　　　　)

ACT 02 직선, 반직선, 선분

스피드 정답 : 01쪽
친절한 풀이 : 10쪽

직선의 결정 조건

· 한 점을 지나는 직선은 무수히 많다.

· 서로 다른 두 점을 지나는 직선은 오직 하나뿐이다.

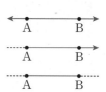

직선, 반직선, 선분

· **직선 AB($\overleftrightarrow{AB}$)** : 서로 다른 두 점 A, B를 지나는 직선

· **반직선 AB($\overrightarrow{AB}$)** : 직선 AB 위의 점 A에서 시작하여 점 B쪽으로 뻗은 부분

· **선분 AB($\overline{AB}$)** : 직선 AB 위의 점 A에서 점 B까지의 부분

✳ **다음 그림을 기호로 나타내시오.**

01 ⟵•——————•⟶
         M   N

02 ┄┄•——————•⟶
         M   N

03 ⟵•——————•┄┄
         M   N

04 ┄┄•——————•┄┄
         M   N

✳ **다음 기호를 주어진 그림 위에 나타내시오.**

05 $\overleftrightarrow{AC}$
┄┄•———•———•┄┄
   A   B   C

06 $\overrightarrow{BA}$
┄┄•———•———•┄┄
   A   B   C

07 $\overrightarrow{BC}$
┄┄•———•———•┄┄
   A   B   C

08 $\overline{AB}$
┄┄•———•———•┄┄
   A   B   C

＊ 다음 기호를 주어진 그림 위에 나타내고, □ 안에 두 그림이 같으면 =, 다르면 ≠를 쓰시오.

09 $\overleftrightarrow{AC}$ ···· A B C D

$\overleftrightarrow{AD}$ ···· A B C D

➡ $\overleftrightarrow{AC}$ □ $\overleftrightarrow{AD}$

10 $\overline{AB}$ ···· A B C D

$\overline{AD}$ ···· A B C D

➡ $\overline{AB}$ □ $\overline{AD}$

11 $\overrightarrow{BC}$ ···· A B C D

$\overrightarrow{BD}$ ···· A B C D

➡ $\overrightarrow{BC}$ □ $\overrightarrow{BD}$

> 같은 반직선은 시작점과 방향이 같아.

12 $\overrightarrow{CA}$ ···· A B C D

$\overrightarrow{CD}$ ···· A B C D

➡ $\overrightarrow{CA}$ □ $\overrightarrow{CD}$

＊ 다음 그림에서 두 점을 지나는 직선, 반직선, 선분의 개수를 각각 구하시오.

13

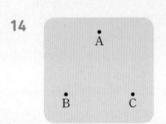

직선 : _____

반직선 : _____

선분 : _____

14

직선 : _____

반직선 : _____

선분 : _____

＊ 아래 그림과 같이 직선 위에 세 점 A, B, C가 있을 때, 기호와 같은 것을 다음에서 찾아 쓰시오.

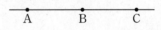

$\overrightarrow{AB}$, $\overline{AC}$, $\overrightarrow{BA}$, $\overrightarrow{CB}$, $\overleftrightarrow{AB}$, $\overrightarrow{AC}$

15 $\overleftrightarrow{BC}$

16 $\overrightarrow{CA}$

17 $\overline{BA}$

두 점 A, B 사이의 거리

서로 다른 두 점 A, B를 잇는 무수히 많은 선 중에서 길이가 가장 짧은 선분 AB의 길이

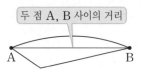

|참고| 기호 $\overline{AB}$는 선분 AB를 나타내기도 하고, 그 선분의 길이를 나타내기도 한다.

⑩ • 선분 AB의 길이가 5 cm ➡ $\overline{AB}$=5 cm
    • 두 선분 AB, CD의 길이가 같을 때 ➡ $\overline{AB}=\overline{CD}$

선분 AB의 중점

선분 AB 위에 있는 점으로 선분의 양 끝 점 A, B에서 같은 거리에 있는 점 M

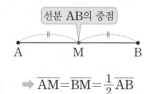

➡ $\overline{AM}=\overline{BM}=\dfrac{1}{2}\overline{AB}$

선분 AB의 삼등분점

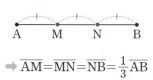

➡ $\overline{AM}=\overline{MN}=\overline{NB}=\dfrac{1}{3}\overline{AB}$

---

* 아래 그림에 대하여 다음을 구하시오.

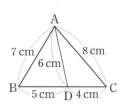

01 두 점 A, B 사이의 거리

02 두 점 C, D 사이의 거리

03 $\overline{AC}$의 길이

04 $\overline{AD}$의 길이

* 다음 그림에서 점 M이 $\overline{AB}$의 중점일 때, □ 안에 알맞은 수를 쓰시오.

05

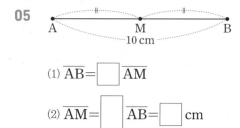

(1) $\overline{AB}=\boxed{}\overline{AM}$

(2) $\overline{AM}=\boxed{}\overline{AB}=\boxed{}$ cm

06

A   4 cm   M   B

(1) $\overline{MB}=\overline{AM}=\boxed{}$ cm

(2) $\overline{AB}=\boxed{}\overline{AM}=\boxed{}\overline{BM}=\boxed{}$ cm

07 다음 그림에서 두 점 M, N은 각각 $\overline{AB}$, $\overline{AM}$의 중점이다. $\overline{MB}=8\,cm$일 때, ☐ 안에 알맞은 수를 쓰시오.

(1) $\overline{AM}=$ ☐ cm

(2) $\overline{NM}=$ ☐ $\overline{AM}=$ ☐ cm

(3) $\overline{AB}=$ ☐ $\overline{AM}=$ ☐ cm

08 다음 그림에서 두 점 M, N은 각각 $\overline{AB}$, $\overline{MB}$의 중점이다. $\overline{AB}=20\,cm$일 때, ☐ 안에 알맞은 수를 쓰시오.

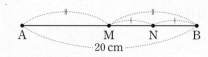

(1) $\overline{MB}=$ ☐ $\overline{AB}=$ ☐ cm

(2) $\overline{MN}=$ ☐ $\overline{MB}=\dfrac{1}{2}\times$ ☐ $\overline{AB}$

   $=$ ☐ $\overline{AB}=$ ☐ cm

(3) $\overline{AN}=\overline{AM}+\overline{MN}=$ ☐ cm

(4) $\overline{AB}=$ ☐ $\overline{MB}=2\times$ ☐ $\overline{MN}=$ ☐ $\overline{MN}$

09 다음 그림에서 두 점 M, N은 $\overline{AB}$의 삼등분점이다. $\overline{AB}=12\,cm$일 때, ☐ 안에 알맞은 수를 쓰시오.

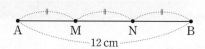

(1) $\overline{AB}=$ ☐ $\overline{NB}$

(2) $\overline{MN}=$ ☐ $\overline{AB}=$ ☐ cm

(3) $\overline{AN}=$ ☐ $\overline{MN}=$ ☐ cm

(4) $\overline{MB}=$ ☐ $\overline{AB}=$ ☐ cm

10 다음 그림에서 두 점 P, Q는 $\overline{AB}$의 삼등분점이고, 점 M은 $\overline{PQ}$의 중점이다. $\overline{PM}=6\,cm$일 때, ☐ 안에 알맞은 수를 쓰시오.

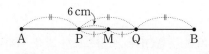

(1) $\overline{PQ}=$ ☐ $\overline{PM}=$ ☐ cm

(2) $\overline{AP}=\overline{PQ}=$ ☐ cm

(3) $\overline{AB}=$ ☐ $\overline{AP}=$ ☐ cm

각 AOB

한 점 O에서 시작하는 두 반직선 OA, OB로 이루어진 도형

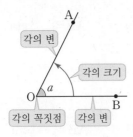

기호 ∠AOB, ∠BOA, ∠O, ∠a

주의 각을 기호로 나타낼 때에는 각의 꼭짓점을 반드시 가운데에 쓴다.

각의 분류

- **평각(180°)**
  각의 두 변이 꼭짓점을 중심으로 반대쪽에 있고 한 직선을 이루는 각

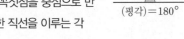

- **직각(90°)**
  평각의 크기의 $\frac{1}{2}$인 각

- **예각**
  0°보다 크고 90°보다 작은 각

- **둔각**
  90°보다 크고 180°보다 작은 각

---

* 다음 설명 중 옳은 것에는 ○표, 옳지 않은 것에는 ×표를 하시오.

01 ∠AOB는 ∠BOA와 다른 각을 나타낸다.
( )

02 기호 ∠AOB는 도형으로서 각을 나타내기도 하지만 각의 크기도 나타낸다. ( )

03 예각은 0°보다 크고 180°보다 작은 각이다.
( )

04 평각은 직각의 크기의 $\frac{1}{2}$인 각을 말한다.
( )

05 둔각은 90°와 180° 사이의 각이다.
( )

* 다음 그림을 보고 각을 평각, 직각, 예각, 둔각으로 분류하시오.

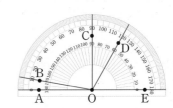

06 ∠BOE

07 ∠COE

08 ∠DOC

09 ∠EOA

＊ 다음 그림에서 평각의 크기는 180°임을 이용하여 $\angle x$
의 크기를 구하시오.

10

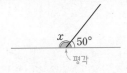

➡ 평각의 크기는 180°이므로

$$\angle x + \boxed{} = \boxed{}$$

$$\therefore \ \angle x = \boxed{}$$

11

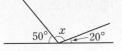

12

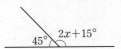

13

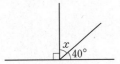

14

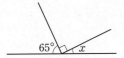

15

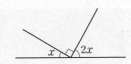

16

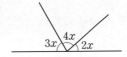

＊ 다음 그림에서 평각의 크기는 180°임을 이용하여 $\angle x$,
$\angle y$, $\angle z$의 크기를 각각 구하시오.

17 $\angle x : \angle y : \angle z = 1 : 2 : 3$

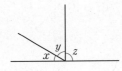

➡ $\angle x = 180° \times \dfrac{1}{1+2+3} = \boxed{}$

$\angle y = 180° \times \dfrac{\boxed{}}{1+2+3} = \boxed{}$

$\angle z = 180° \times \dfrac{\boxed{}}{1+2+3} = \boxed{}$

18 $\angle x : \angle y : \angle z = 2 : 3 : 5$

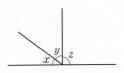

ACT 05 맞꼭지각

ACT 05 맞꼭지각

교각

두 직선이 한 점에서 만날 때 생기는 네 각 ➡ $\angle a$, $\angle b$, $\angle c$, $\angle d$

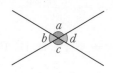

맞꼭지각

교각 중 서로 마주 보는 두 각 ➡ $\angle a$와 $\angle c$, $\angle b$와 $\angle d$

맞꼭지각의 성질

맞꼭지각의 크기는 서로 같다. ➡ $\angle a = \angle c$, $\angle b = \angle d$

※ 아래 그림을 보고 다음 각의 맞꼭지각을 구하시오.

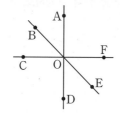

01 $\angle AOB$

02 $\angle BOC$

03 $\angle COE$

04 $\angle AOE$

※ 다음 그림에서 $\angle x$의 크기를 구하시오.

05

40° x
맞꼭지각

06

x

07

42° $2x$

08

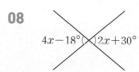

$4x-18°$ $2x+30°$

* 다음 그림에서 ∠x의 크기를 구하시오.

09

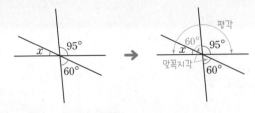

➡ ∠x + ☐ + 95° = 180°

∴ ∠x = ☐

10

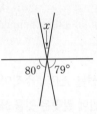

11

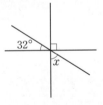

12

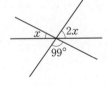

13

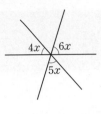

14

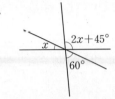

15

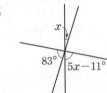

* 다음 그림에서 ∠x, ∠y의 크기를 각각 구하시오.

16

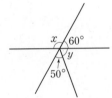

17

ACT 06 수직과 수선

직교와 수선

- 두 직선 AB와 CD의 교각이 직각일 때, 두 직선은 서로 직교한다고 한다.

  [기호] $\overleftrightarrow{AB} \perp \overleftrightarrow{CD}$

- 두 직선이 직교할 때 두 직선은 서로 수직이고, 한 직선은 다른 직선의 수선이라고 한다.

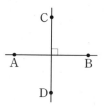

수직이등분선

선분 AB의 중점 M을 지나고 선분 AB에 수직인 직선 l을 선분 AB의 수직이등분선이라고 한다.

➡ $\overline{AM} = \overline{BM}$, $l \perp \overline{AB}$

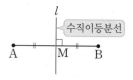

---

* 다음 도형에서 $\overline{AB}$의 수선을 모두 찾아 $\overline{AB}$와 직교함을 기호 ⊥를 사용하여 나타내시오.

01

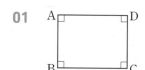

➡ $\overline{AB} \perp \overline{AD}$, $\overline{AB} \perp \boxed{}$

02

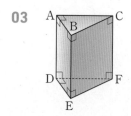

* 다음 그림에서 직선 PM은 선분 AB의 수직이등분선이다. $\overline{AM} = 4$ cm일 때, ☐ 안에 알맞은 것을 쓰시오.

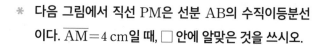

04 $\overline{AB}$ $\boxed{}$ $\overline{PM}$

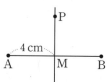

05 $\overline{AB}$의 수선은 $\boxed{}$ 이다.

06 $\overline{BM} = \boxed{}$ cm

07 ∠AMP = $\boxed{}$°

수선의 발

직선 l 위에 있지 않은 한 점 P에서 직선 l에 그은 수선과 직선 l의 교점 H

점과 직선 사이의 거리

직선 l 위에 있지 않은 한 점 P에서 직선 l에 내린 수선의 발 H까지의 거리
➡ $\overline{PH}$의 길이

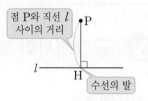

---

* 아래 모눈종이 위의 세 점 A, B, C에서 직선 l에 내린 수선의 발을 그림 위에 세 점 A′, B′, C′으로 나타내고, 다음을 구하시오.

08

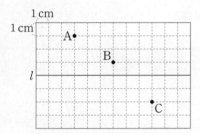

(1) 점 A와 직선 l 사이의 거리

(2) 점 B와 직선 l 사이의 거리

(3) 점 C와 직선 l 사이의 거리

09

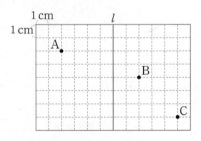

(1) 점 A와 직선 l 사이의 거리

(2) 점 B와 직선 l 사이의 거리

(3) 점 C와 직선 l 사이의 거리

* 아래 그림을 보고 다음을 구하시오.

10

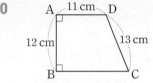

(1) 점 A에서 $\overline{BC}$에 내린 수선의 발

(2) 점 A와 $\overline{BC}$ 사이의 거리

11

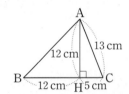

(1) 점 A에서 $\overline{BC}$에 내린 수선의 발

(2) 점 A와 $\overline{BC}$ 사이의 거리

12

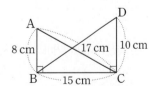

(1) 점 C에서 $\overline{AB}$에 내린 수선의 발

(2) 점 C와 $\overline{AB}$ 사이의 거리

점, 선, 면의 위치 관계

Ⓥ 공간에서의 위치 관계

점 + 직선/평면

위에 있거나

밖에 있거나

직선 + 직선

한 점에서 만나거나

일치하거나

평행하거나

꼬인 위치에 있거나

한 평면 위에 있다!

한 평면 위에 있지 않다!

직선 + 평면

한 점에서 만나거나

포함되거나

평행하거나

평면 + 평면

한 직선에서 만나거나

일치하거나

평행하거나

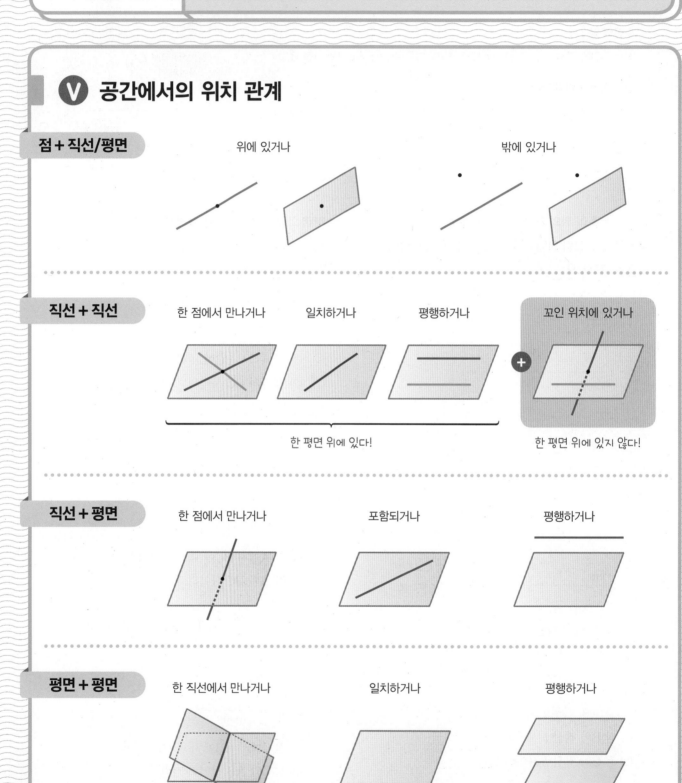

Ⓐ 직육면체에서 한 모서리에 대한 위치 관계

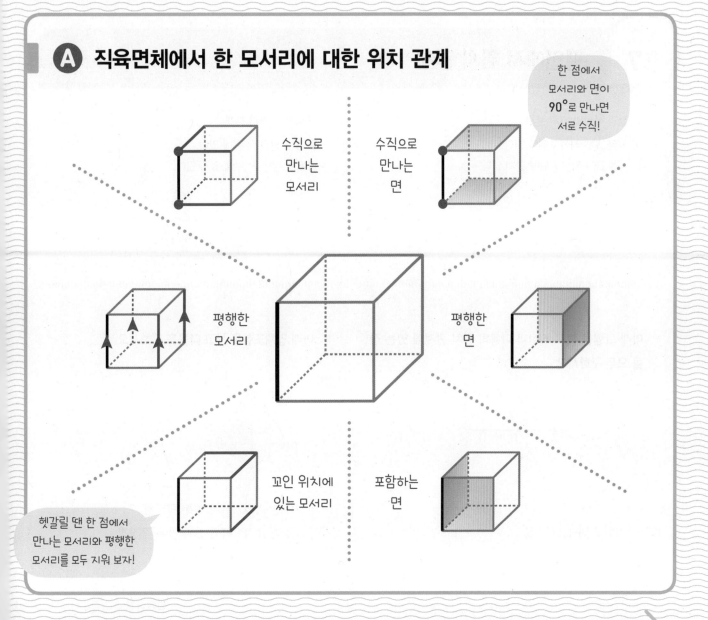

수직으로 만나는 모서리

수직으로 만나는 면

한 점에서 모서리와 면이 **90°**로 만나면 서로 수직!

평행한 모서리

평행한 면

꼬인 위치에 있는 모서리

포함하는 면

헷갈릴 땐 한 점에서 만나는 모서리와 평행한 모서리를 모두 지워 보자!

◆ 평면이 하나로 결정되는 조건

임의로 선택한 두 점을 연결하면 하나의 직선이 결정됩니다. 이 직선을 포함하는 평면은 무수히 많아요. 그래서 평면이 딱 하나로 결정되려면 한 직선 위에 있지 않은 세 점이 필요하죠. 다른 말로 한 직선과 그 위에 있지 않은 한 점이라고도 할 수 있어요.
이렇게 평면을 만들어내는 경우를 표현해 보면 다음 4가지가 있습니다.

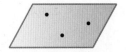

한 직선 위에 있지 않은 세 점

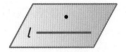

한 직선과 그 직선 밖의 한 점

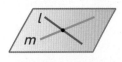

한 점에서 만나는 두 직선

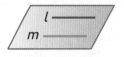

평행한 두 직선

기억하세요. 꼬인 위치에 있는 두 직선은 어떠한 경우에도 하나의 평면을 만들 수 없습니다.

평면에서 위치 관계

점과 직선의 위치 관계

· 점 A는 직선 l 위에 있다.

· 점 B는 직선 l <u>위에 있지 않다.</u>
      └→ 밖에 있다.

점과 평면의 위치 관계

· 점 A는 평면 P 위에 있다.

· 점 B는 평면 P 위에 있지 않다.

✳ 아래 그림을 보고 직선과 다음의 위치 관계에 있는 점을 모두 구하시오.

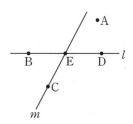

01 직선 l 위에 있는 점

02 직선 l 위에 있지 않은 점

03 직선 m 위에 있지 않은 점

04 직선 m 위에 있는 점

✳ 아래 입체도형을 보고 다음을 구하시오.

05

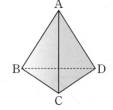

(1) 면 ABC 위에 있는 꼭짓점

(2) 면 BCD 위에 있지 않은 꼭짓점

06

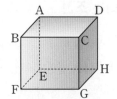

(1) 면 ABCD 위에 있는 꼭짓점

(2) 면 CGHD 위에 있지 않은 꼭짓점

평행

한 평면 위의 두 직선 l, m이 만나지 않을 때, 두 직선은 서로 평행하다고 한다.

기호 $l /\!/ m$

평면에서 두 직선의 위치 관계

• 한 점에서 만난다.

• 평행하다. ($l /\!/ m$)

└ 만나지 않는다.

• 일치한다.

└ l, m은 하나의 직선

| 참고 |
평면이 하나로 정해지는 조건
• 한 직선 위에 있지 않은 세 점
• 한 점에서 만나는 두 직선
• 한 직선과 그 직선 밖의 한 점
• 서로 평행한 두 직선

---

* **다음 그림을 보고 알맞은 말을 골라 ○표를 하시오.**

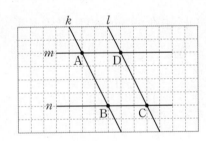

07 직선 k와 직선 l은
(한 점에서 만난다, 평행하다, 일치한다).

08 직선 n과 직선 l은
(한 점에서 만난다, 만나지 않는다, 일치한다).

09 선분 AB와 선분 BA는
(한 점에서 만난다, 평행하다, 일치한다).

10 선분 AD와 선분 BC는
(한 점에서 만난다, 만나지 않는다, 일치한다).

* **아래 그림을 보고 다음을 구하시오.**

11

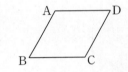

(1) 변 AB와 한 점에서 만나는 변

(2) 변 BC와 한 점에서 만나는 변

(3) 변 AD와 평행한 변을 찾아 기호 $/\!/$를 사용하
여 나타내시오.

12

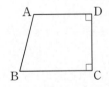

(1) 변 AD와 한 점에서 만나는 변

(2) 변 CD와 한 점에서 만나는 변

(3) 변 BC와 평행한 변을 찾아 기호 $/\!/$를 사용하
여 나타내시오.

꼬인 위치

공간에서 두 직선이 만나지도 않고 평행하지도 않을 때, 두 직선은 꼬인 위치에 있다고 한다.

공간에서 두 직선의 위치 관계

· 한 점에서 만난다.

· 평행하다. ($l \, /\!/ \, m$)

· 일치한다.

· 꼬인 위치에 있다.

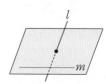

＊ **다음 삼각기둥을 보고 주어진 두 모서리의 위치 관계를 말하시오.**

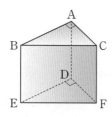

01 모서리 AB와 모서리 DE

02 모서리 BC와 모서리 CF

03 모서리 AC와 모서리 EF

04 모서리 DE와 모서리 CF

＊ **다음 위치 관계를 만족시키는 모서리를 주어진 직육면체 위에 나타내고, 구하시오.**

05 모서리 AB와 한 점에서 만나는 모서리

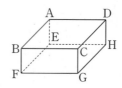

06 모서리 FG와 평행한 모서리

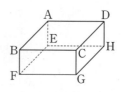

07 모서리 AD와 꼬인 위치에 있는 모서리

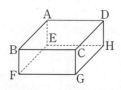

＊ **아래 정육면체에 대하여 다음을 구하시오.**

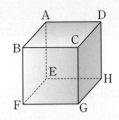

08　모서리 BC와 한 점에서 만나는 모서리

09　모서리 CD와 평행한 모서리

10　모서리 BF와 꼬인 위치에 있는 모서리

＊ **아래 사각뿔에 대하여 다음을 구하시오.**

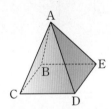

11　모서리 CD와 한 점에서 만나는 모서리

12　모서리 BC와 꼬인 위치에 있는 모서리

13　모서리 AD와 꼬인 위치에 있는 모서리

＊ **아래 그림과 같이 밑면이 정오각형인 오각기둥에서 모든 모서리의 양 끝을 한없이 연장할 때, 다음을 구하시오.**

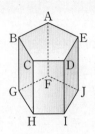

14　직선 CD와 만나는 직선

15　직선 CD와 평행한 직선

16　직선 BG와 꼬인 위치에 있는 직선

＊ **아래 직육면체에 대하여 다음을 구하시오.**

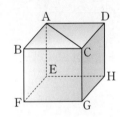

17　선분 AC와 한 점에서 만나는 모서리

18　모서리 AD와 만나지도 않고 평행하지도 않은 모서리

19　선분 AC와 꼬인 위치에 있는 모서리

공간에서 직선과 평면의 위치 관계

· 한 점에서 만난다.

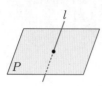

· 평행하다. ($l /\!/ P$)

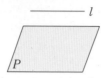

· 직선이 평면에 포함된다.

직선과 평면의 수직

직선 l이 평면 P와 한 점 H에서 만나고 점 H를 지나는 평면 P 위의 모든 직선과 수직일 때,
직선 l과 평면 P는 서로 수직이다 또는 서로 직교한다라고 한다.

기호 $l \perp P$

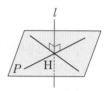

---

* 아래 직육면체에 대하여 다음을 구하시오.

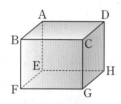

01 면 ABCD와 평행한 모서리

02 면 BFGC에 포함되는 모서리

03 면 CGHD와 한 점에서 만나는 모서리

* 아래 삼각기둥에 대하여 보고 다음을 구하시오.

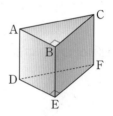

04 면 BEFC와 평행한 모서리

05 면 DEF에 포함되는 모서리

06 모서리 BC와 수직인 면

두 평면의 위치 관계

공간에서 두 평면의 위치 관계

• 한 직선에서 만난다.

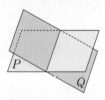

• 평행하다. $(P /\!/ Q)$

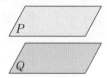

• 일치한다.

두 평면의 수직

평면 P가 평면 Q와 수직인 직선 l을 포함할 때, 평면 P와 평면 Q는 서로 수직이다 또는 서로 직교한다라고 한다.

기호 $P \perp Q$

---

* 아래 직육면체에 대하여 다음을 구하시오.

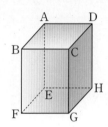

07 면 BFGC와 만나는 면

08 면 ABCD와 평행한 면

09 면 EFGH와 만나는 면

10 면 ABFE와 평행한 면

* 아래 정육각기둥에 대하여 다음을 구하시오.

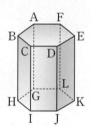

11 면 BHIC와 만나는 면

12 모서리 DJ를 교선으로 하는 두 면

13 면 DJKE와 수직인 면

14 면 DJKE와 평행한 면

유형 1 **잘린 도형에서의 위치 관계**

＊ 아래 그림과 같이 정육면체를 세 꼭짓점 B, F, C를 지나는 평면으로 자른 입체도형을 보고 다음을 구하시오.

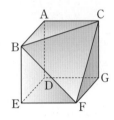

01 모서리 EF와 평행한 모서리

02 모서리 BC와 꼬인 위치에 있는 모서리

03 모서리 BF와 평행한 면

04 모서리 CF를 포함하는 면

05 면 ABC와 평행한 면

06 면 DEFG와 수직인 면

＊ 아래 그림과 같이 직육면체의 일부를 자른 입체도형에서 모든 모서리의 양 끝을 한없이 연장할 때, 다음을 구하시오.

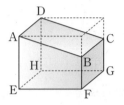

07 직선 AB와 한 점에서 만나는 직선

08 직선 DC와 꼬인 위치에 있는 직선

09 면 ABCD와 한 점에서 만나는 모서리

10 면 BFGC와 평행한 모서리

11 모서리 EF와 수직인 면

12 면 BFGC와 평행한 면

* 다음은 공간에서 서로 다른 세 직선 l, m, n의 위치 관계에 대한 설명이다. 위치 관계를 정육면체 위에 나타내고, 옳은 것에는 ○표, 옳지 않은 것에는 ×표를 하시오.

13 $l /\!/ m$, $l /\!/ n$이면 $m /\!/ n$이다. (　　　)

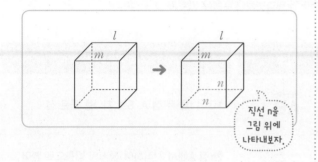

직선 n을 그림 위에 나타내보자.

14 $l \perp m$, $l /\!/ n$이면 m과 n은 꼬인 위치에 있다. (　　)

15 $l \perp m$, $l \perp n$이면 $m \perp n$이다. (　　　)

16 $l /\!/ m$, $l \perp n$이면 $m /\!/ n$이다. (　　　)

* 다음은 공간에서 서로 다른 두 평면 P, Q와 서로 다른 두 직선 l, m의 위치 관계에 대한 설명이다. 위치 관계를 정육면체에 나타내고, 옳은 것에는 ○표, 옳지 않은 것에는 ×표를 하시오.

17 $l \perp P$, $l \perp Q$이면 $P /\!/ Q$이다. (　　　)

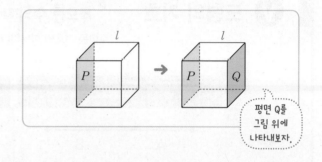

평면 Q를 그림 위에 나타내보자.

18 $P /\!/ Q$, $l \perp P$이면 $l \perp Q$이다. (　　　)

19 $l \perp P$, $m \perp P$이면 $l /\!/ m$이다. (　　　)

20 $l \perp m$, $l /\!/ P$이면 $m /\!/ P$이다. (　　　)

21 $l /\!/ m$, $l /\!/ P$이면 $m /\!/ P$이다. (　　　)

도형의 기호와 각의 성질

Ⓥ 도형의 기호

"게으른 수학자를 위한 간단한 표현"

수학은 기호의 학문이다. 영어의 알파벳처럼 수학은 기호가 그 시작이다.

	도형	기호	기호의 의미
직선	A ——— B	$\overleftrightarrow{AB}$	서로 다른 두 점 A, B를 지나는 곧은 선
반직선	A ——→ B	$\overrightarrow{AB}$	한 점 A에서 시작하여 점 B의 방향으로 뻗어 나가는 직선의 일부분
선분	A —— B	$\overline{AB}$	점 A에서 점 B까지 연결한 곧은 선 선분의 길이를 나타낼 수도 있다.
각	A, O, B	$\angle AOB$	한 점 O에서 시작하는 두 반직선 OA, OB로 이루어진 도형 각의 크기를 나타내기도 한다.
삼각형	A, B, C	$\triangle ABC$	세 점 A, B, C로 둘러싸인 도형 삼각형의 넓이를 나타내기도 한다.
사각형	A, B, C, D	$\square ABCD$	네 점 A, B, C, D로 둘러싸인 도형 사각형의 넓이를 나타내기도 한다.
수직	m, n	$m \perp n$	두 직선 m, n의 교각이 직각일 때 선과 면, 면과 면이 각각 수직일 때도 같은 기호를 사용한다.
평행	m, n	$m /\!/ n$	한 평면 위의 두 직선 m, n이 만나지 않을 때 선과 면, 면과 면이 각각 평행할 때도 같은 기호를 사용한다.

Ⓥ 각의 위치에 따른 각의 종류

◆ 맞꼭지각

마주 보는 위치

두 직선이 만날 때 생기는 각 중에서
서로 **마주 보는** 두 각

맞꼭지각의 성질

두 직선이 한 점에서 만날 때 맞꼭지각의 크기는 서로 같다.

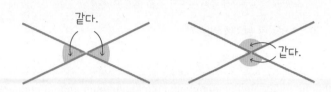

같다.   같다.

◆ 동위각

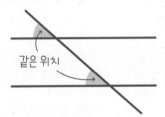

같은 위치

서로 다른 두 직선이 또 다른 한 직
선과 만나서 생기는 8개의 각 중에서
서로 **같은 위치**에 있는 각

평행선의 성질 ❶

평행선에서 동위각의 크기는 서로 같다.

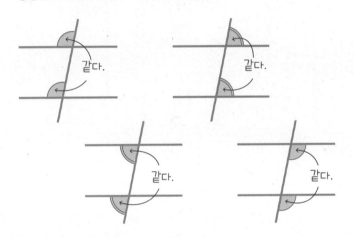

같다.   같다.

같다.   같다.

◆ 엇각

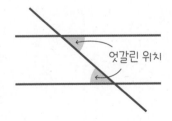

엇갈린 위치

서로 다른 두 직선이 또 다른 한 직
선과 만나서 생기는 8개의 각 중에서
서로 **엇갈린 위치**에 있는 각

평행선의 성질 ❷

평행선에서 엇각의 크기는 서로 같다.

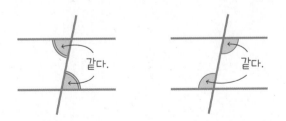

같다.   같다.

서로 다른 두 직선 l, m이 다른 한 직선 n과 만나서 생기는 8개의 각 중에서

동위각 : 같은 위치에 있는 각

➡ $\angle a$와 $\angle e$, $\angle b$와 $\angle f$, $\angle c$와 $\angle g$, $\angle d$와 $\angle h$

엇각 : 엇갈린 위치에 있는 각

➡ $\angle b$와 $\angle h$, $\angle c$와 $\angle e$

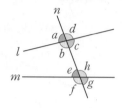

＊ **다음 그림과 같이 세 직선이 만날 때, 주어진 각을 찾으시오.**

01

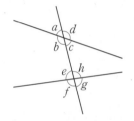

(1) $\angle a$의 동위각

(2) $\angle d$의 동위각

(3) $\angle g$의 동위각

(4) $\angle c$의 엇각

(5) $\angle h$의 엇각

(6) $\angle e$의 엇각

02

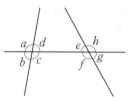

(1) $\angle a$의 동위각

(2) $\angle h$의 동위각

(3) $\angle g$의 동위각

(4) $\angle d$의 엇각

(5) $\angle c$의 엇각

(6) $\angle f$의 엇각

* 다음 그림을 보고 주어진 각의 크기를 구할 때, ☐ 안에
  알맞은 것을 쓰시오.

03

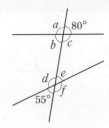

(1) ∠c의 동위각

  ➡ ∠f=180°− ☐ ° = ☐ °

(2) ∠b의 엇각

  ➡ ∠e= ☐ ° (맞꼭지각)

(3) ∠c의 엇각

  ➡ ∠d=∠ ☐ = ☐ °

04

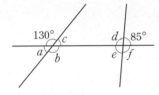

(1) ∠b의 엇각

  ➡ ∠ ☐ =180°− ☐ ° = ☐ °

(2) ∠a의 동위각

  ➡ ∠ ☐ = ☐ ° (맞꼭지각)

(3) ∠e의 엇각

  ➡ ∠ ☐ =180°− ☐ ° = ☐ °

* 다음 그림을 보고 주어진 각의 크기를 구하시오.

05

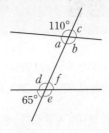

(1) ∠a의 동위각

(2) ∠b의 동위각

(3) ∠e의 동위각

(4) ∠d의 엇각

(5) ∠f의 엇각

06

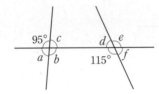

(1) ∠c의 동위각

(2) ∠e의 동위각

(3) ∠f의 동위각

(4) ∠d의 엇각

(5) ∠b의 엇각

평행선의 성질

서로 다른 두 직선 l, m이 다른 한 직선 n과 만날 때

• 두 직선이 평행하면 동위각의 크기는 서로 같다. ➡ $l /\!/ m$이면 $\angle a = \angle b$

• 두 직선이 평행하면 엇각의 크기는 서로 같다. ➡ $l /\!/ m$이면 $\angle c = \angle b$

참고 $l /\!/ m$이면 $\angle c + \angle d = 180°$

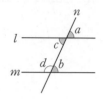

✽ 다음 그림에서 $l /\!/ m$일 때, $\angle x$의 크기를 구하시오.

01
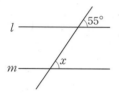

02
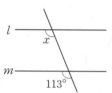

03
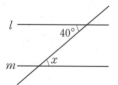

04
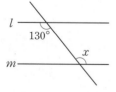

✽ 다음 그림에서 $l /\!/ m$일 때, $\angle x$, $\angle y$의 크기를 각각 구하시오.

05
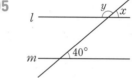

➡ $\angle x = \boxed{}$, $\angle y = 180° - \boxed{} = \boxed{}$

06
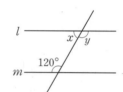

07
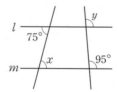

08
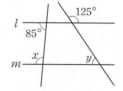

두 직선이 평행할 조건

서로 다른 두 직선 l, m이 다른 한 직선 n과 만날 때

• 동위각의 크기가 같으면 두 직선은 평행하다. ➡ $\angle a = \angle b$이면 $l \parallel m$

• 엇각의 크기가 같으면 두 직선은 평행하다. ➡ $\angle c = \angle b$이면 $l \parallel m$

참고 $\angle c + \angle d = 180°$이면 $l \parallel m$

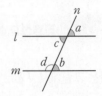

---

* 다음 그림을 보고 두 직선 l, m이 평행하면 ○표, 평행하지 않으면 ×표를 하시오.

09

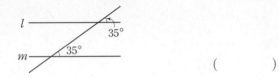

( )

10

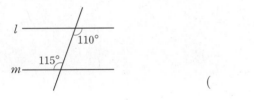

( )

11

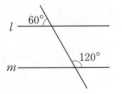

( )

12

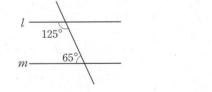

( )

* 다음 그림에서 평행한 두 직선을 모두 찾아 기호 $\parallel$ 를 사용하여 나타내시오.

13

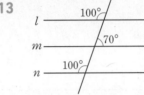

14

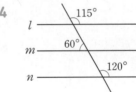

15

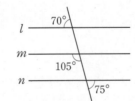

16

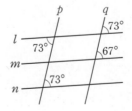

유형 1 평행선과 삼각형

✻ 다음 그림에서 $l /\!/ m$일 때, ∠x의 크기를 구하시오.

01

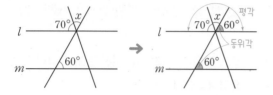

평각의 크기는 180°이므로

☐ +∠x+ ☐ =180°

∴ ∠x= ☐

02

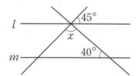

03

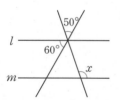

04

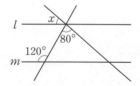

05

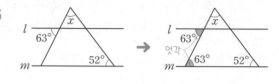

삼각형의 세 내각의 크기의 합은 ☐ 이므로

∠x+ ☐ +52°= ☐

∴ ∠x= ☐

06

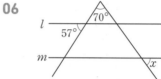

07

08

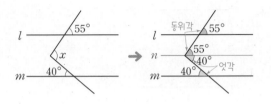
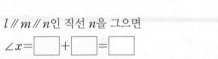

✳ 다음 그림에서 $l /\!/ m$일 때, $\angle x$의 크기를 구하시오.

09

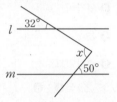

$l /\!/ m /\!/ n$인 직선 n을 그으면

$\angle x =$ ☐ $+$ ☐ $=$ ☐

10

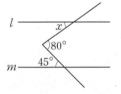

11

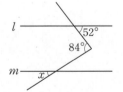

12

13

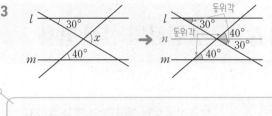

$l /\!/ m /\!/ n$인 직선 n을 그으면

$\angle x =$ ☐ $+$ ☐ $=$ ☐

14

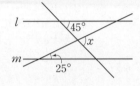

15

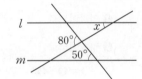

16

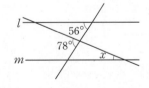

평행선의 성질 활용 2

스피드 정답 : 03쪽
친절한 풀이 : 13쪽

유형1 보조선을 2개 그어 각의 크기 구하기

* 다음 그림에서 $l /\!/ m$일 때, $\angle x$의 크기를 구하시오.

01

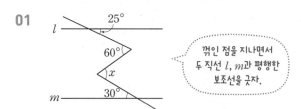

꺾인 점을 지나면서
두 직선 l, m과 평행한
보조선을 긋자.

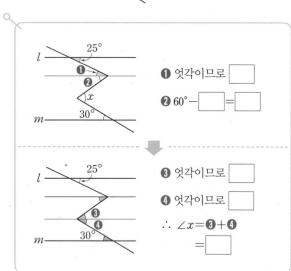

❶ 엇각이므로 ☐

❷ $60° -$ ☐ $=$ ☐

❸ 엇각이므로 ☐

❹ 엇각이므로 ☐

∴ $\angle x = ❸ + ❹$

$=$ ☐

02

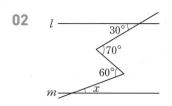

03

04

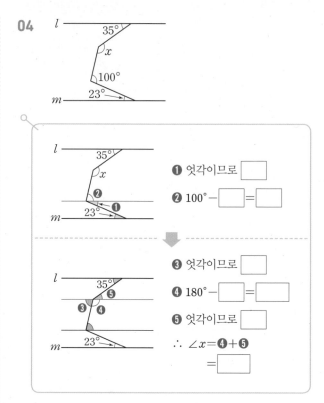

❶ 엇각이므로 ☐

❷ $100° -$ ☐ $=$ ☐

❸ 엇각이므로 ☐

❹ $180° -$ ☐ $=$ ☐

❺ 엇각이므로 ☐

∴ $\angle x = ❹ + ❺$

$=$ ☐

05

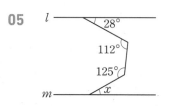

06

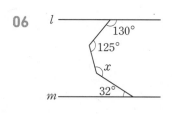

* 다음 그림과 같이 직사각형 모양의 종이를 접었을 때,
∠x의 크기를 구하시오.

07

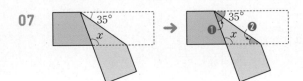

❶ 접은 각이므로 ☐

❷ 엇각이므로 ☐

삼각형의 세 내각의 크기의 합은 180°이므로

☐ + ∠x + ☐ =180°

∴ ∠x = ☐

08

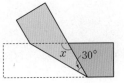

09

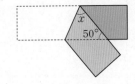

10

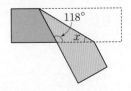

11

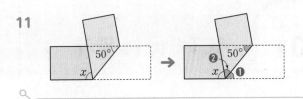
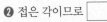

❶ 엇각이므로 ☐

❷ 접은 각이므로 ☐

평각의 크기는 180°이므로

∠x + ☐ + ☐ =180°

∴ ∠x = ☐

12

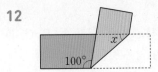

13

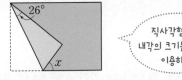
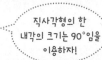

직사각형의 한
내각의 크기는 90°임을
이용하자!

14

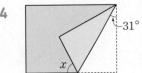

01 다음 중 옳지 <u>않은</u> 것은?

① 도형의 기본 요소는 점, 선, 면이다.

② 한 평면 위에 있지 않은 도형은 입체도형이다.

③ 직육면체에서 교선의 개수는 꼭짓점의 개수와 같다.

④ 선과 면이 만나면 교점이 생긴다.

⑤ 점이 움직인 자리는 선이 된다.

02 아래 그림과 같이 직선 l 위에 네 점 A, B, C, D 가 있다. 다음 중 옳지 <u>않은</u> 것은?

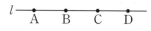

① $\overleftrightarrow{AB}=\overleftrightarrow{CD}$ ② $\overleftrightarrow{AC}=\overleftrightarrow{AD}$

③ $\overrightarrow{AC}=\overrightarrow{AD}$ ④ $\overrightarrow{BA}=\overrightarrow{BD}$

⑤ $\overline{BC}=\overline{BD}$

* 아래 그림에서 두 점 M, N은 각각 $\overline{AB}$, $\overline{AM}$의 중점이다. $\overline{NM}=5\,cm$일 때, 다음을 구하시오. (03~04)

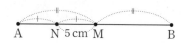

03 $\overline{AM}$의 길이

04 $\overline{AB}$의 길이

* 다음 그림에서 $\angle x$의 크기를 구하시오. (05~06)

05

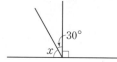

06

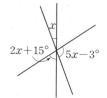

07 다음 오각기둥에 대한 설명으로 옳은 것을 모두 고르면? (정답 2개)

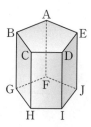

① 모서리 AE와 모서리 IJ는 평행하다.

② 모서리 BC와 모서리 DI는 꼬인 위치에 있다.

③ 모서리 AF는 면 ABCDE에 포함된다.

④ 면 BGHC는 모서리 EJ와 평행하다.

⑤ 면 CHID와 면 DIJE는 수직이다.

✱ 다음 그림에서 $l /\!/ m$일 때, ∠x, ∠y의 크기를 각각 구하시오. (08~09)

08
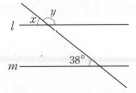

09
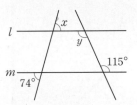

✱ 다음 그림에서 평행한 두 직선을 찾아 기호 $/\!/$를 사용하여 나타내시오. (10~11)

10
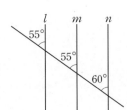

11
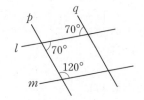

✱ 다음 그림에서 $l /\!/ m$일 때, ∠x의 크기를 구하시오. (12~14)

12
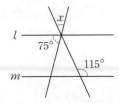

13
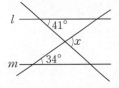

14
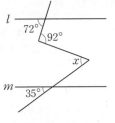

15 다음 그림과 같이 직사각형 모양의 종이를 접었을 때, ∠x의 크기를 구하시오.
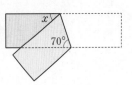

VISUAL IDEA 4

삼각형의 합동

ⓥ 도형의 합동

"완벽하게 똑같아서 뒤집거나 돌려 포갤 수 있다."

모양과 크기가 똑같아서 한 도형을 옮겼을 때 다른 도형에 완전히 포갤 수 있는 두 도형을
서로 합동이라고 한다.

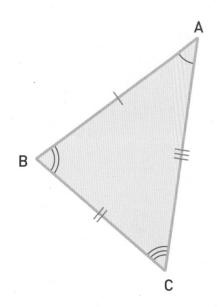

회전   반전

△ABC를 오른쪽으로 180°
회전시키고, 좌우 반전하면
△DEF와 완전히 겹쳐진다.

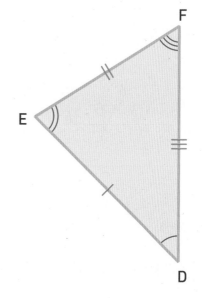

$$\triangle ABC \equiv \triangle DEF$$

'합동'을 나타내는 기호

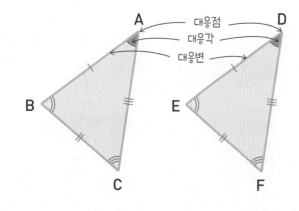

대응점
대응각
대응변

▶ **대응점, 대응변, 대응각**

합동인 두 도형에서 대응하는 꼭짓점, 변, 각을 각각
대응점, 대응변, 대응각이라고 한다.

❶ 대응하는 변의 길이는 서로 같다.
$\overline{AB}=\overline{DE}$, $\overline{BC}=\overline{EF}$, $\overline{CA}=\overline{FD}$

❷ 대응하는 각의 크기는 서로 같다.
$\angle A = \angle D$, $\angle B = \angle E$, $\angle C = \angle F$

Ⓥ 삼각형의 합동 조건 "삼각형이 완전히 포개지는 3가지 경우"

▶ **SSS 합동: Side, Side, Side**
대응하는 세 변의 길이가 각각 같으면 합동이다.

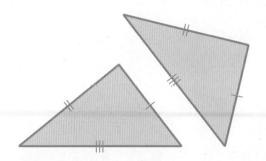

> SSS, SAS, ASA처럼 합동마다 붙이는
> 알파벳에도 의미가 있어!
> ❶ S는 변(side), A는 각(angle)
> ❷ 알파벳의 순서는 구성 요소의 위치
>
> **SAS**   **ASA**
> 끼인각   양 끝 각
>
> SAS에서 두 S 사이에 A가 있으니까 두 변과
> 그 사이 끼인각을 나타내. ASA는 S의 양쪽으로
> A가 있으니까 한 변과 양 끝 각을 뜻하지.

▶ **SAS 합동: Side, Angle, Side**
대응하는 두 변의 길이가 각각 같고, 그 끼인각의 크기가 같으면 합동이다.

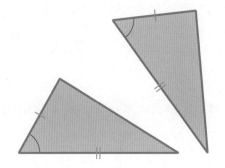

▶ **ASA 합동: Angle, Side, Angle**
대응하는 한 변의 길이가 같고, 그 양 끝 각의 크기가 각각 같으면 합동이다.

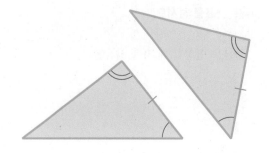

◆ 삼각형은 꼭 세 가지 경우에만 합동일까?

[AAA일 때]

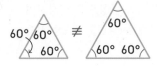

세 각의 크기가 같지만 삼각형의 크기(세 변의 길이)가 다르므로 합동이 아닙니다.

[SSA일 때]

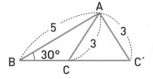

△ABC와 △ABC′은 두 변이 5, 3으로 같고, 한 각의 크기가 $30°$로 같지만 끼인각이 아니므로 합동이 아닙니다.

[AAS일 때]

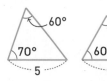

두 각의 크기가 $60°$, $70°$로 같고, 한 변의 길이가 5로 같지만 주어진 두 각 사이의 변이 아니므로 합동이 아닙니다.

작도 : 눈금 없는 자와 컴퍼스만을 사용하여 도형을 그리는 것

• **눈금 없는 자** : 두 점을 연결하는 선분을 그리거나 선분을 연장할 때 사용한다.

• **컴퍼스** : 원을 그리거나 주어진 선분의 길이를 재어 옮길 때 사용한다.

길이가 같은 선분의 작도

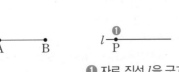 → →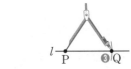

❶ 자로 직선 l을 긋고 점 P 잡기 　❷ $\overline{AB}$의 길이 재기 　❸ 점 P가 중심이고 반지름의 길이가 $\overline{AB}$인 원 그리기

＊ **작도에 대한 다음 설명 중 옳은 것에는 ○표, 옳지 않은 것에는 ×표를 하시오.**

01 선분을 연장할 때 자를 사용한다. (　　　)

02 선분의 길이를 잴 때 자를 사용한다. (　　　)

03 두 점을 지나는 직선을 그릴 때 컴퍼스를 사용한다.
(　　　)

04 주어진 선분의 길이를 다른 직선 위에 옮길 때는 컴퍼스를 사용한다. (　　　)

05 다음 그림은 $\overline{AB}$와 길이가 같은 $\overline{PQ}$를 작도하는 과정이다. □ 안에 알맞은 것을 쓰시오.

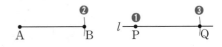

❶ 직선 l을 긋고, 그 위에 한 점 [　]를 잡는다.

❷ 컴퍼스로 [　]의 길이를 잰다.

❸ 점 [　]를 중심으로 하고 반지름의 길이가 [　] 인 원을 그려 직선 l과의 교점을 [　]라고 한다.

06 주어진 $\overline{AB}$를 점 B의 방향으로 연장하여 그 길이가 $\overline{AB}$의 두 배가 되는 $\overline{AC}$를 작도하시오.

크기가 같은 각의 작도

∠XOY와 크기가 같고 $\overrightarrow{PQ}$를 한 변으로 하는 각 작도하기

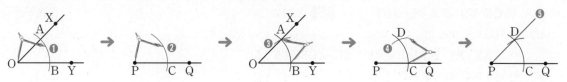

❶ 점 O에서 적당한   ❷ 점 P가 중심이고   ❸ $\overline{AB}$의 길이 재기   ❹ 점 C가 중심이고   ❺ $\overrightarrow{PD}$ 긋기
원 그리기   반지름의 길이가   반지름의 길이가
                    $\overline{OA}$인 원 그리기 $\overline{AB}$인 원 그리기

---

07 다음 그림은 ∠XOY와 크기가 같은 각을 반직선 PQ를 한 변으로 하여 작도하는 과정을 나타낸 것이다. □ 안에 알맞은 것을 쓰시오.

> ❶ 점 O를 중심으로 하는 원을 그려 $\overrightarrow{OX}$, $\overrightarrow{OY}$와의 교점을 각각 □, □라고 한다.
>
> ❷ 점 P를 중심으로 하고 반지름의 길이가 $\overline{OA}$인 원을 그려 $\overrightarrow{PQ}$와의 교점을 □라고 한다.
>
> ❸ 컴퍼스를 사용하여 $\overline{AB}$의 길이를 잰다.
>
> ❹ 점 C를 중심으로 하고 반지름의 길이가 □인 원을 그려 ❷에서 그린 원과의 교점을 □라고 한다.
>
> ❺ 두 점 □, □를 지나는 $\overrightarrow{PD}$를 긋는다.

08 ∠XOY와 크기가 같은 각을 작도하시오.

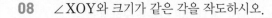

＊ 다음 그림은 ∠XOY와 크기가 같은 각을 작도한 것이다. □ 안에 알맞은 것을 쓰시오.

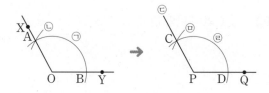

09 작도 순서는 ㉠ → □ → □ → □ → □

10 $\overline{OA}=$□$=$□$=$□

11 ∠AOB=∠□

삼각형의 세 변의 길이 사이의 관계

스피드 정답 : 04쪽
친절한 풀이 : 15쪽

삼각형 ABC

세 점 A, B, C를 꼭짓점으로 하는 삼각형   기호 △ABC

· **대변** : 한 각과 마주 보는 변

　　➡ ∠A의 대변 : $\overline{BC}$, ∠B의 대변 : $\overline{AC}$, ∠C의 대변 : $\overline{AB}$

· **대각** : 한 변과 마주 보는 각

　　➡ $\overline{BC}$의 대각 : ∠A, $\overline{AC}$의 대각 : ∠B, $\overline{AB}$의 대각 : ∠C

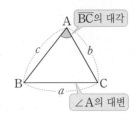

삼각형의 세 변의 길이 사이의 관계

삼각형의 두 변의 길이의 합은 나머지 한 변의 길이보다 크다. ➡ (가장 긴 변의 길이)<(나머지 두 변의 길이의 합)

---

* 아래 △ABC에 대하여 다음을 구하시오.

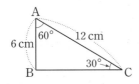

01　∠B의 대변의 길이

02　∠C의 대변의 길이

03　$\overline{AB}$의 대각의 크기

04　$\overline{BC}$의 대각의 크기

* 주어진 세 변의 길이 사이의 관계를 기호 >, <, =를 사용하여 ○ 안에 나타내고, 삼각형을 만들 수 있는 것에는 ○표, 만들 수 없는 것에는 ×표를 하시오.

05

| 1 | 3 | 5 |

➡ 5 ◯ 1+3　　　　　　(　　)

06

| 2 | 7 | 3 |

➡ 7 ◯ 2+3　　　　　　(　　)

07

| 4 | 3 | 6 |

➡ 6 ◯ 3+4　　　　　　(　　)

＊ 다음 중 삼각형의 세 변의 길이가 될 수 있는 것에는 ○표, 될 수 <u>없는</u> 것에는 ×표를 하시오.

08 2 cm, 3 cm, 5 cm   (   )

➡ 5 ◯ 2+☐

⌜ >, =, < ⌝

09 3 cm, 5 cm, 6 cm   (   )

10 4 cm, 6 cm, 11 cm   (   )

11 7 cm, 3 cm, 6 cm   (   )

12 8 cm, 4 cm, 5 cm   (   )

＊ 두 선분의 길이가 3 cm, 6 cm이고, 다른 선분의 길이가 다음과 같이 주어졌다. 이때 세 선분을 이용하여 삼각형을 만들 수 있는 것에는 ○표, 만들 수 <u>없는</u> 것에는 ×표를 하시오.

13 4 cm   (   )

➡ ☐ ◯ 3+☐

14 2 cm   (   )

15 7 cm   (   )

16 9 cm   (   )

17 10 cm   (   )

세 변의 길이가 주어질 때

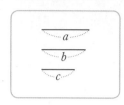 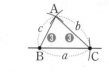

❶ $\overline{BC}$ 작도하기   ❷ $\overline{AB}$, $\overline{AC}$ 작도하기   ❸ $\overline{AB}$, $\overline{AC}$ 긋기

두 변의 길이와 그 끼인각의 크기가 주어질 때

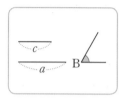 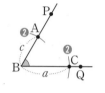 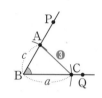

❶ ∠B와 크기가 같은   ❷ $\overline{BC}$, $\overline{AB}$ 작도하기   ❸ $\overline{AC}$ 긋기
각 작도하기

---

01 다음은 세 변의 길이가 각각 a, b, c인 삼각형을 작도하는 과정이다. □ 안에 알맞은 것을 쓰시오.

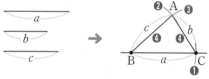

❶ 직선을 긋고, 그 위에 길이가 □인 $\overline{BC}$를 작도한다.

❷ 점 □를 중심으로 하고 반지름의 길이가 □인 원을 그린다.

❸ 점 □를 중심으로 하고 반지름의 길이가 □인 원을 그려 ❷에서 그린 원과의 교점을 □라고 한다.

❹ $\overline{AB}$, $\overline{AC}$를 그으면 △ABC가 된다.

02 다음은 세 변의 길이가 각각 a, b, c인 삼각형을 작도하는 과정이다. 작도 순서를 완성하시오.

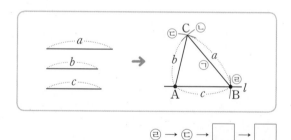

㉣ → ㉢ → □ → □

03 다음은 두 변의 길이가 각각 b, c이고 ∠A를 끼인 각으로 하는 삼각형을 작도하는 과정이다. 작도 순서를 완성하시오.

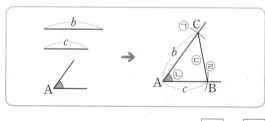

㉡ → ㉠ → □ → □

한 변의 길이과 그 양 끝 각의 크기가 주어질 때

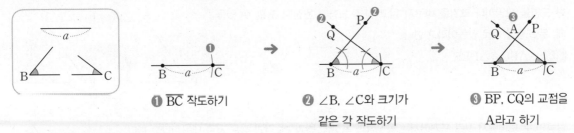

❶ $\overline{BC}$ 작도하기

❷ ∠B, ∠C와 크기가
같은 각 작도하기

❸ $\overline{BP}$, $\overline{CQ}$의 교점을
A라고 하기

삼각형이 하나로 정해지는 경우

• 세 변의 길이가 주어질 때
• 두 변의 길이와 그 끼인각의 크기가 주어질 때
• 한 변의 길이와 그 양 끝 각의 크기가 주어질 때

|참고| 두 선분의 길이의 합이 다른 한 선분의 길이보다 작거나 같으면 그 세 선분을 세 변으로 하는 삼각형을 만들 수 없다.

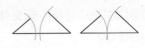

---

04 다음은 한 변의 길이가 a이고 ∠B, ∠C를 그 양 끝 각으로 하는 삼각형을 작도하는 과정이다. 물음에 답하시오.

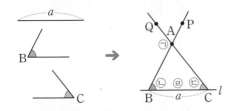

(1) □ 안에 알맞은 것을 쓰시오.

❶ 직선을 긋고, 그 위에 길이가 □인 $\overline{BC}$를 작도한다.
❷ ∠B와 크기가 같은 ∠PBC를 작도한다.
❸ ∠□와 크기가 같은 ∠QCB를 작도한다.
❹ $\overrightarrow{BP}$, $\overrightarrow{CQ}$가 만나는 점을 □라고 하면 △ABC가 된다.

(2) 작도 순서를 완성하시오.

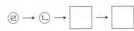

* **다음 주어진 조건으로 △ABC가 하나로 결정되면 ○표, 하나로 결정되지 않으면 ×표를 하시오.**

05 $\overline{AB}=5\,cm$, $\overline{BC}=10\,cm$, $\overline{CA}=13\,cm$

( )

06 $\overline{AB}=9\,cm$, $\overline{BC}=7\,cm$, ∠A=30°

( )

07 $\overline{AB}=10\,cm$, ∠A=50°, ∠B=105°

( )

08 ∠A=100°, ∠B=45°, ∠C=35°

( )

합동

한 도형을 모양이나 크기를 바꾸지 않고 다른 도형에 완전히 포갤 수 있을 때, 두 도형을 서로 합동이라고 한다.

기호 △ABC≡△DEF

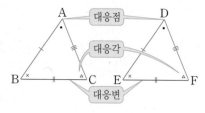

대응

합동인 두 도형에서 서로 포개어지는 꼭짓점과 꼭짓점, 변과 변, 각과 각은 서로 대응한다고 한다.

| 참고 | 합동인 도형을 기호로 나타낼 때는 두 도형의 대응하는 꼭짓점의 순서를 맞추어 쓴다.

---

* **다음 그림에서 합동인 두 도형을 찾아 기호 ≡를 써서 나타내시오.**

01

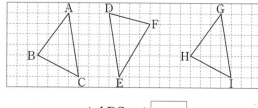

$$\triangle ABC \equiv \triangle \boxed{}$$

02

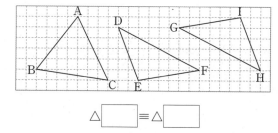

$$\triangle \boxed{} \equiv \triangle \boxed{}$$

03

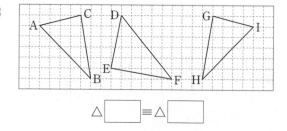

$$\triangle \boxed{} \equiv \triangle \boxed{}$$

04 아래 그림에서 △ABC≡△DEF일 때, 다음을 구하시오.

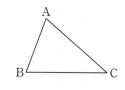
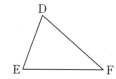

(1) 점 A의 대응점

(2) ∠F의 대응각

(3) 변 BC의 대응변

05 아래 그림에서 삼각형 ABCD와 사각형 EFGH 가 합동일 때, 다음을 구하시오.

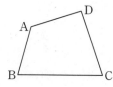
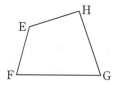

(1) 점 G의 대응점

(2) ∠B의 대응각

(3) 변 GH의 대응변

합동인 도형의 성질

• 대응하는 변의 길이는 서로 같다.
• 대응하는 각의 크기는 서로 같다.

|참고| △ABC≡△DEF이면
 • $\overline{AB}=\overline{DE}$, $\overline{BC}=\overline{EF}$, $\overline{AC}=\overline{DF}$
 • ∠A=∠D, ∠B=∠E, ∠C=∠F

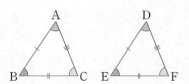

---

06 아래 그림에서 △ABC≡△DEF일 때, 다음을 구하시오.

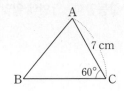 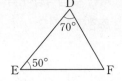

(1) $\overline{DF}$의 길이

(2) ∠A의 크기

(3) ∠B의 크기

---

07 아래 그림에서 사각형 ABCD와 사각형 EFGH가 서로 합동일 때, 다음을 구하시오.

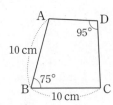 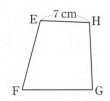

(1) ∠F의 크기

(2) $\overline{AD}$의 길이

(3) $\overline{FG}$의 길이

(4) ∠H의 크기

---

08 다음 그림에서 △ABC≡△EFD일 때, □ 안에 알맞은 수를 쓰시오.

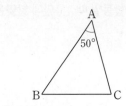 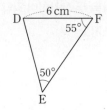

(1) $\overline{BC}=\boxed{}$ cm

(2) ∠B=$\boxed{}$°

(3) ∠BCA=$\boxed{}$°

---

09 다음 그림에서 사각형 ABCD와 사각형 EFGH가 서로 합동일 때, □ 안에 알맞은 수를 쓰시오.

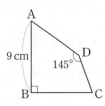 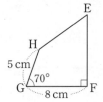

(1) $\overline{BC}=\boxed{}$ cm

(2) $\overline{DC}=\boxed{}$ cm

(3) ∠C=$\boxed{}$°

(4) ∠FEH=$\boxed{}$°

• 대응하는 세 변의 길이가 각각 같을 때

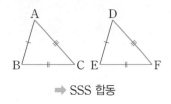

➡ SSS 합동

• 대응하는 두 변의 길이가 각각 같고, 그 끼인각의 크기가 같을 때

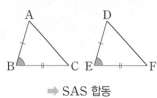

➡ SAS 합동

• 대응하는 한 변의 길이가 같고, 그 양 끝 각의 크기가 각각 같을 때

➡ ASA 합동

✳ 다음 두 삼각형이 각각 합동일 때, ☐ 안에 알맞은 것을 쓰시오.

01

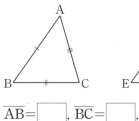

$\overline{AB}=$ ☐ , $\overline{BC}=$ ☐ , $\overline{AC}=$ ☐

➡ ☐ 합동 *세 변의 길이가 같다.*

02

$\overline{AC}=$ ☐ , ☐ $=\overline{EF}$, $\angle C=$ ☐

➡ ☐ 합동 *두 변의 길이와 그 끼인각의 크기가 같다.*

03

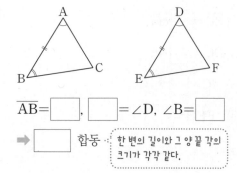

$\overline{AB}=$ ☐ , ☐ $=\angle D$, $\angle B=$ ☐

➡ ☐ 합동 *한 변의 길이와 그 양 끝 각의 크기가 각각 같다.*

✳ 다음 두 삼각형이 각각 합동일 때, ☐ 안에 알맞은 합동 조건을 쓰시오.

04

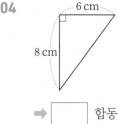 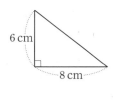

➡ ☐ 합동

05

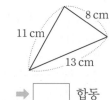 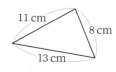

➡ ☐ 합동

06

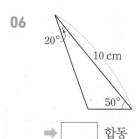 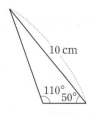

➡ ☐ 합동

✳ 주어진 삼각형과 합동인 삼각형을 아래 보기 에서 찾아 □ 안에 쓰고, 그때의 합동 조건을 말하시오.

보기

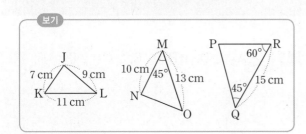

07

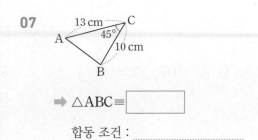

➡ △ABC ≡ ◻

　합동 조건 : ⋯⋯⋯⋯⋯⋯⋯⋯⋯⋯

08

11 cm
D ────── F
7 cm ╲　╱ 9 cm
　　E

➡ △DEF ≡ ◻

　합동 조건 : ⋯⋯⋯⋯⋯⋯⋯⋯⋯⋯

09

G
╱　　╲
60°　　45°
H ────────── I
　15 cm

➡ △GHI ≡ ◻

　합동 조건 : ⋯⋯⋯⋯⋯⋯⋯⋯⋯⋯

10 다음 보기 중 서로 합동인 것끼리 바르게 짝 지으시오.

보기

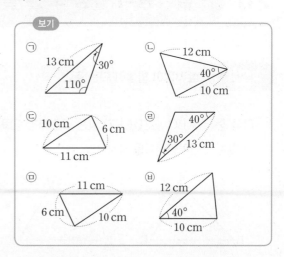

11 다음 보기 중 오른쪽 △ABC와 합동인 삼각형을 찾아 기호 ≡를 써서 나타내고, 그때의 합동 조건을 말하시오.

보기

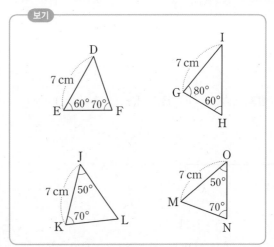

유형 1   삼각형이 합동이 되는 조건

* 다음 중 △ABC≡△DEF가 되는 조건이면 ○표, 되지 <u>않는</u> 조건이면 ×표를 하시오.

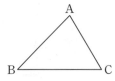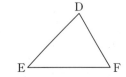

01 $\overline{BC}=\overline{EF}$, $\overline{AC}=\overline{DF}$, $\overline{AB}=\overline{DE}$

(   )

02 $\overline{AC}=\overline{DF}$, $\overline{BC}=\overline{EF}$, $\angle C=\angle F$

(   )

03 $\overline{AC}=\overline{DF}$, $\overline{BC}=\overline{EF}$, $\angle A=\angle D$

(   )

04 $\overline{AB}=\overline{DE}$, $\angle A=\angle D$, $\angle B=\angle E$

(   )

05 $\angle A=\angle D$, $\angle B=\angle E$, $\angle C=\angle F$

(   )

06 $\angle A=\angle D$, $\overline{AC}=\overline{DF}$, $\angle C=\angle F$

(   )

07 $\overline{AB}=\overline{DE}$, $\angle B=\angle E$, $\overline{AC}=\overline{DF}$

(   )

08 $\angle B=\angle E$, $\overline{AB}=\overline{DE}$, $\overline{BC}=\overline{EF}$

(   )

09 $\overline{BC}=\overline{EF}$, $\angle A=\angle D$, $\angle C=\angle F$

(   )

10 다음은 $\overline{AB}=\overline{AD}$, $\overline{BC}=\overline{DC}$인 사각형 ABCD에서 △ABC와 △ADC가 합동임을 보이는 과정이다. □ 안에 알맞은 것을 쓰시오.

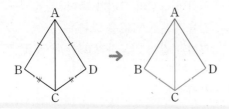

△ABC와 △ADC에서
$\overline{AB}=\overline{AD}$
$\overline{BC}=\overline{DC}$
□는 공통
∴ △ABC≡□ (□ 합동)

11 다음은 $\overline{OA}=\overline{OC}$, $\overline{OB}=\overline{OD}$일 때, △OAB와 △OCD가 합동임을 보이는 과정이다. □ 안에 알맞은 것을 쓰시오.

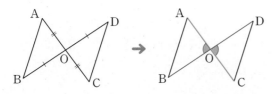

△OAB와 △OCD에서
$\overline{OA}=\overline{OC}$
$\overline{OB}=\overline{OD}$
∠AOB=□ (맞꼭지각)
∴ △OAB≡□ (□ 합동)

12 다음은 $\overline{AB}/\!/\overline{DC}$, $\overline{AD}/\!/\overline{BC}$일 때, 사각형 ABCD에서 △ABC와 △CDA가 합동임을 보이는 과정이다. □ 안에 알맞은 것을 쓰시오.

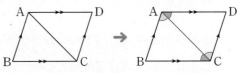

△ABC와 △CDA에서
$\overline{AB}/\!/\overline{DC}$이므로 ∠BAC=□ (엇각)
$\overline{AD}/\!/\overline{BC}$이므로 ∠ACB=□ (엇각)
□는 공통
∴ △ABC≡□ (□ 합동)

13 다음은 점 P가 $\overline{AB}$의 수직이등분선 l 위의 한 점일 때 △PAM과 △PBM이 합동임을 보이는 과정이다. □ 안에 알맞은 것을 쓰시오.

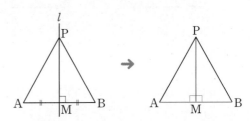

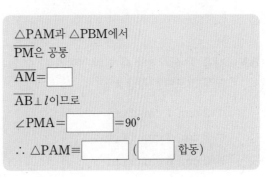

△PAM과 △PBM에서
$\overline{PM}$은 공통
$\overline{AM}=$□
$\overline{AB}\perp l$이므로
∠PMA=□$=90°$
∴ △PAM≡□ (□ 합동)

01 다음 중 작도에 대한 설명으로 옳지 <u>않은</u> 것은?

① 원을 그릴 때에는 컴퍼스를 사용한다.

② 작도할 때 각도기를 사용하지 않는다.

③ 선분을 연장할 때에는 눈금 없는 자를 사용한다.

④ 선분의 길이를 다른 직선 위에 옮길 때에는 눈금 없는 자를 사용한다.

⑤ 컴퍼스와 눈금 없는 자를 사용하여 도형을 그리는 것을 작도라고 한다.

02 아래 그림은 ∠AOB와 크기가 같은 각인 ∠PO′Q를 작도한 것이다. 다음 중 옳지 <u>않은</u> 것은?

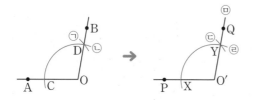

① 작도 순서는 ⓛ → ㉣ → ㉠ → ㉢ → ㉤이다.
② $\overline{OC}=\overline{OD}$　　③ $\overline{OD}=\overline{O'X}$
④ $\overline{OB}=\overline{O'Q}$　　⑤ $\overline{O'X}=\overline{O'Y}$

03 다음 중 삼각형의 세 변의 길이가 될 수 있는 것을 모두 고르면? (정답 2개)

① 2 cm, 1 cm, 2 cm

② 5 cm, 7 cm, 14 cm

③ 3 cm, 6 cm, 9 cm

④ 6 cm, 10 cm, 15 cm

⑤ 2 cm, 9 cm, 7 cm

04 두 변의 길이 a, b와 그 끼인각인 ∠C의 크기가 주어졌을 때, △ABC를 오른쪽 그림과 같이 작도하려고 한다. 작도 과정을 순서대로 쓰시오.

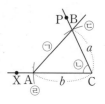

> ㉠ $\overline{AB}$를 그려 △ABC를 완성한다.
> ㉡ ∠C와 크기가 같은 ∠PCX를 작도한다.
> ㉢ 점 C를 중심으로 하고 반지름의 길이가 a인 원을 그려 $\overrightarrow{CP}$와의 교점을 B라고 한다.
> ㉣ 점 C를 중심으로 하고 반지름의 길이가 b인 원을 그려 $\overrightarrow{CX}$와의 교점을 A라고 한다.

05 다음 중 △ABC가 하나로 결정되는 것을 모두 고르시오.

> ㉠ $\overline{AB}=14$ cm , $\overline{BC}=8$ cm, $\overline{AC}=6$ cm
> ㉡ $\overline{AB}=8$ cm, $\overline{AC}=5$ cm, ∠A=80°
> ㉢ $\overline{AB}=5$ cm, $\overline{BC}=6$ cm, ∠C=45°
> ㉣ $\overline{BC}=7$ cm, ∠B=120°, ∠C=60°
> ㉤ $\overline{AC}=9$ cm, ∠A=45°, ∠B=45°

06 $\overline{AB}$와 $\overline{BC}$의 길이가 주어졌을 때, 다음 중 오른쪽 그림과 같이 △ABC가 하나로 결정되기 위해 필요한 나머지 한 조건을 모두 고르시오.

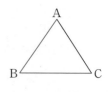

> ㉠ $\overline{AC}$의 길이　　㉡ ∠A의 크기
> ㉢ ∠B의 크기　　㉣ ∠C의 크기

07 아래 그림에서 사각형 ABCD와 사각형 EFGH가 서로 합동일 때, 다음 중 옳은 것을 모두 고르면? (정답 2개)

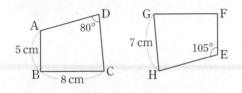

① 점 A의 대응점은 점 E이다.
② $\overline{FG}$의 대응변은 $\overline{DA}$이다.
③ $\overline{EF}$의 길이는 8 cm이다.
④ ∠H의 크기는 80°이다.
⑤ ∠A의 크기는 110°이다.

✶ 다음 두 삼각형이 각각 합동일 때, 기호 ≡를 써서 나타내고, 그때의 합동 조건을 말하시오. **(08~09)**

08

　　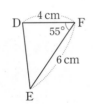

09

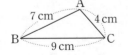　　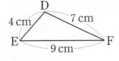

10 다음 보기 중 서로 합동인 것끼리 바르게 짝 지으시오.

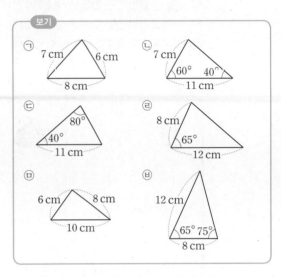

✶ 다음 중 △ABC와 △DEF가 합동이 되는 조건이면 ○표, 되지 <u>않는</u> 조건이면 ×표를 하시오. **(11~13)**

11 $\overline{AB}=\overline{DE}$, $\overline{BC}=\overline{EF}$, $\overline{CA}=\overline{FD}$ 　（　　　）

12 $\overline{AB}=\overline{DE}$, $\overline{AC}=\overline{DF}$, ∠B = ∠E 　（　　　）

13 $\overline{AC}=\overline{DF}$, ∠A = ∠D, ∠C = ∠F 　（　　　）

14 오른쪽 그림에서 합동인 삼각형을 찾아 기호 ≡를 써서 나타내고, 그때의 합동 조건을 말하시오.

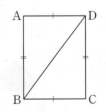

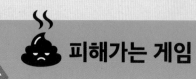 피해가는 게임

✳ 게임 방법

① 💩 이 **있는** 칸은 지나갈 수 **없습니다.**

② 💩 이 **없는** 칸은 **반드시 지나가야** 합니다.

③ 한번 통과한 칸은 다시 지나갈 수 없습니다.

④ 가로와 세로 방향으로만 갈 수 있으며,
　대각선으로는 갈 수 없습니다.

예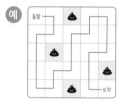

출발

도착

답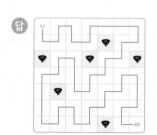

Chapter II
평면도형

삼각형, 다각형, 정다각형, 대각선, 내각, 외각, 원,

부채꼴, 현, 호, 중심각, 호의 길이, 둘레의 길이, 넓이

다각형의 내각과 외각

Ⓥ 삼각형의 각

"삼각형에 안쪽 각 말고, 바깥쪽 각도 있다?"

삼각형의 세 변 중 하나를 연장하면 삼각형 밖에 새로운 각이 하나 더 생긴다.

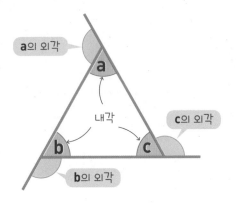

▶ 내각
다각형의 이웃하는 두 변으로 이루어진 내부의 각

▶ 외각
각 꼭짓점에서 한 변과 그 변에 이웃한 다른 한 변의 연장선이 이루는 각

한 꼭짓점에서 내각과 외각의 크기를 더하면 180°!

Ⓥ 삼각형의 내각의 크기의 합

▶ 삼각형의 세 내각의 크기의 합은 180°이다.

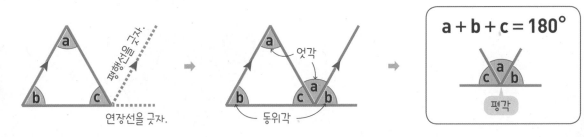

$$a + b + c = 180°$$

▶ 삼각형에서 한 외각의 크기는 그와 이웃하지 않은 두 내각의 크기의 합과 같다.

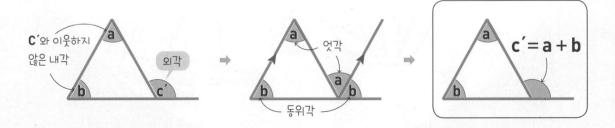

$$c' = a + b$$

Ⅴ 삼각형의 외각의 크기의 합

▶ 삼각형의 세 외각의 크기의 합은 360°이다.

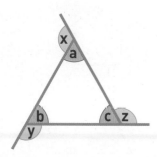 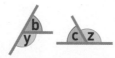 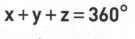

$\Rightarrow$

$a + x = b + y = c + z = 180°$

↱ $(a + b + c) + (x + y + z) = 540°$

↳ $180° + (x + y + z) = 540°$

↳ $x + y + z = 540° - 180° = 360°$

$\Rightarrow$

$$x + y + z = 360°$$

◆ 다각형의 각은 어떻게 달라질까?

다각형의 내각의 크기의 합

다각형은 한 꼭짓점에서 대각선을 그어 삼각형으로 나눈 후 내각의 크기의 합을 구할 수 있다.

180°

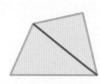

180° × 2

180° × 3

➡ **n각형의 내각의 크기의 합 : $180° \times (n-2)$**

> n각형의 한 꼭짓점에서 대각선을 모두 그으면 삼각형은 (n−2)개 생기지!

다각형의 외각의 크기의 합

다각형은 어떤 모양이든지 외각의 크기의 합이 항상 360°이다.

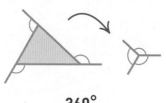

360°

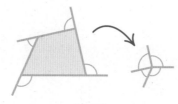

360°

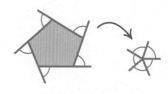

360°

➡ **n각형의 외각의 크기의 합 : 360°**

다각형 : 3개 이상의 선분으로 둘러싸인 평면도형

· **변** : 다각형을 이루는 선분
· **꼭짓점** : 다각형에서 변과 변이 만나는 점

| 참고 | 선분이 3개, 4개, ⋯, n개인 다각형을 각각 삼각형, 사각형, ⋯, n각형이라고 한다.

내각과 외각

· **내각** : 다각형의 이웃하는 두 변으로 이루어진 내부의 각
· **외각** : 다각형의 각 꼭짓점에서 한 변과 그 변에 이웃한 다른 한 변의 연장선이 이루는 각

| 참고 | 다각형의 한 꼭짓점에서 (내각의 크기)+(외각의 크기)=180°

정다각형 : 모든 변의 길이가 같고, 모든 내각의 크기가 같은 다각형

＊ **아래 그림과 같은 다각형에서 다음을 구하시오.**

01

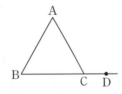

(1) 변
(2) 꼭짓점
(3) 내각
(4) ∠C의 외각

02

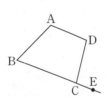

(1) 변
(2) 꼭짓점
(3) 내각
(4) ∠C의 외각

＊ **아래 그림과 같은 다각형에서 다음 각의 크기를 구하시오.**

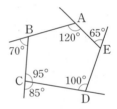

03　∠A의 내각

04　∠B의 외각

05　∠C의 외각

06　∠E의 외각

* 아래 그림과 같은 다각형에서 다음 각의 크기를 구하시오.

07

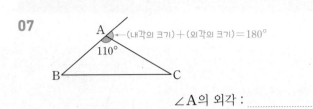

∠A의 외각 : _____

08

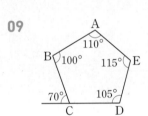

∠B의 외각 : _____

09

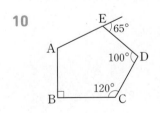

∠C의 내각 : _____

∠D의 외각 : _____

10

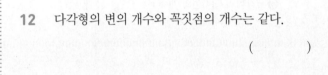

∠E의 내각 : _____

11 다음 조건을 모두 만족시키는 다각형을 말하시오.

> ㈎ 모든 변의 길이가 같다.
> ㈏ 모든 내각의 크기가 같다.
> ㈐ 5개의 선분으로 둘러싸여 있다.

* **다음 설명 중 옳은 것에는 ○표, 옳지 않은 것에는 ×표를 하시오.**

12 다각형의 변의 개수와 꼭짓점의 개수는 같다.

(   )

13 내각의 개수가 10개인 다각형은 십각형이다.

(   )

14 5개의 변으로 둘러싸인 다각형을 정오각형이라고 한다. (   )

15 정다각형은 모든 변의 길이가 같고, 모든 내각의 크기가 같다. (   )

16 정다각형은 내각의 크기와 외각의 크기가 서로 같다. (   )

대각선

다각형에서 이웃하지 않는 두 꼭짓점을 이은 선분

| 참고 | n각형의 한 꼭짓점에서 자기 자신과 이웃하는 2개의 꼭짓점에는 대각선을 그을 수 없다.

대각선의 개수

❶ n각형의 한 꼭짓점에서 그을 수 있는 대각선의 개수

➡ $(n-3)$개

❷ n각형의 대각선의 개수 ➡ $\dfrac{n(n-3)}{2}$개

⑩ ❶ 오각형의 한 꼭짓점에서 그을 수 있는 대각선의 개수

➡ $5-3=2$(개)

❷ 오각형의 대각선의 개수 ➡ $\dfrac{5(5-3)}{2}=5$(개)

✻ **아래 다각형에 대하여 다음을 구하시오.**

01

(1) 꼭짓점의 개수 ➡ ⬚ 개

(2) 한 꼭짓점에서 그을 수 있는 대각선의 개수

➡ $4-$⬚$=$⬚(개)

(3) 대각선의 개수

➡ $\dfrac{4(⬚-3)}{⬚}=$⬚(개)

02

(1) 꼭짓점의 개수

(2) 한 꼭짓점에서 그을 수 있는 대각선의 개수

(3) 대각선의 개수

03   칠각형

(1) 꼭짓점의 개수

(2) 한 꼭짓점에서 그을 수 있는 대각선의 개수

(3) 대각선의 개수

04   십각형

(1) 꼭짓점의 개수

(2) 한 꼭짓점에서 그을 수 있는 대각선의 개수

(3) 대각선의 개수

05   십이각형

(1) 꼭짓점의 개수

(2) 한 꼭짓점에서 그을 수 있는 대각선의 개수

(3) 대각선의 개수

* 한 꼭짓점에서 그을 수 있는 대각선의 개수가 아래와 같을 때, 다음을 구하시오.

06 5개

(1) 다각형

➡ 구하는 다각형을 n각형이라고 하면

$n - \boxed{} = 5 \qquad \therefore n = \boxed{}$

따라서 $\boxed{}$ 이다.

(2) 대각선의 개수

➡ $\dfrac{\boxed{}(\boxed{}-3)}{\boxed{}} = \boxed{}$ (개)

07 8개

(1) 다각형

(2) 대각선의 개수

08 12개

(1) 다각형

(2) 대각선의 개수

09 15개

(1) 다각형

(2) 대각선의 개수

* 대각선의 개수가 다음과 같은 다각형을 구하시오.

10 5개

➡ 구하는 다각형을 n각형이라고 하면

$\dfrac{n(n-3)}{2} = 5$ 에서 $n(n-3) = \boxed{}$

이때 차가 3이고 곱이 10인 두 자연수는

$\boxed{}$, $\boxed{}$ 이므로 $n = \boxed{}$

따라서 구하는 다각형은 $\boxed{}$ 이다.

11 14개

12 20개

13 65개

ACT 23 삼각형의 내각

삼각형의 세 내각의 크기의 합은 180°이다.

➡ $\angle a + \angle b + \angle c = 180°$

| 참고 |

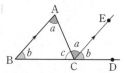

꼭짓점 C를 지나 변 AB에 평행한 반직선 CE를 그으면
$\angle A = \angle ACE$ (엇각), $\angle B = \angle ECD$ (동위각)
따라서 삼각형의 세 내각의 크기의 합은 180°이다.

✳ **다음 그림에서 ∠x의 크기를 구하시오.**

01

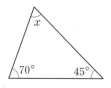

➡ $\angle x + 70° + \boxed{} = \boxed{}$

∴ $\angle x = \boxed{}$

02

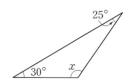

03

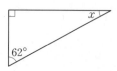

04

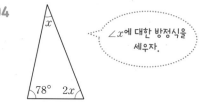

∠x에 대한 방정식을 세우자.

➡ $\angle x + 78° + 2\angle x = 180°$

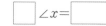 $\boxed{}\angle x = \boxed{}$　　∴ $\angle x = \boxed{}$

05

06

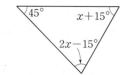

삼각형의 한 외각의 크기는 그와 이웃하지 않은 두 내각의 크기의 합과 같다.

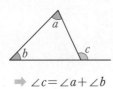

➡ $\angle c = \angle a + \angle b$

|참고|

$\angle x = \angle b + \angle c$
$\angle y = \angle a + \angle c$
$\angle z = \angle a + \angle b$

---

* **다음 그림에서 $\angle x$의 크기를 구하시오.**

07

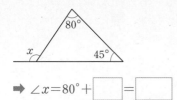

➡ $\angle x = 80° + \boxed{} = \boxed{}$

08

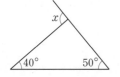

09

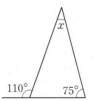

10

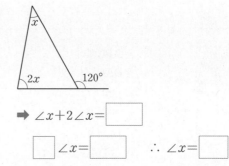

➡ $\angle x + 2\angle x = \boxed{}$

$\boxed{}\angle x = \boxed{}$ ∴ $\angle x = \boxed{}$

11

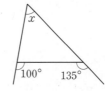

12

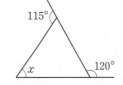

유형 1 **한 내각의 이등분선이 이루는 각**

* 다음 그림에서 ∠x의 크기를 구하시오.

01

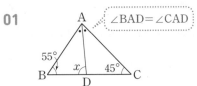

∠BAD=∠CAD

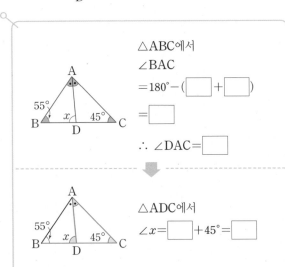

△ABC에서

∠BAC

=180°−(☐+☐)

=☐

∴ ∠DAC=☐

△ADC에서

∠x=☐+45°=☐

02

03

04

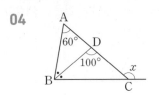

△ABD에서

60°+∠ABD=☐ 이므로

∠ABD=☐

∴ ∠ABC=☐

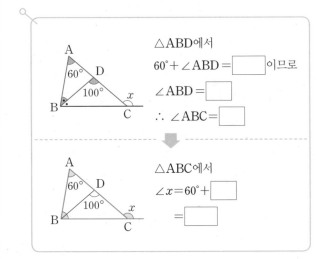

△ABC에서

∠x=60°+☐

=☐

05

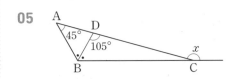

06

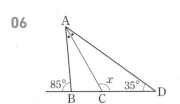

두 내각의 이등분선이 이루는 각

**한 내각의 이등분선과
한 외각의 이등분선이 이루는 각**

✳ 다음 그림에서 ∠x의 크기를 구하시오.

✳ 다음 그림에서 ∠x의 크기를 구하시오.

07

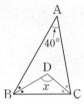

10

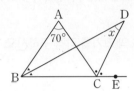

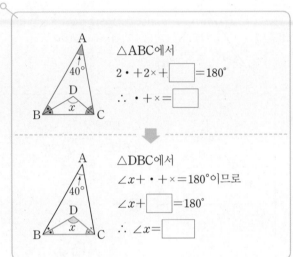

△ABC에서
$2 \cdot + 2 \times + \boxed{} = 180°$
∴ $\cdot + \times = \boxed{}$

△DBC에서
∠$x + \cdot + \times = 180°$이므로
∠$x + \boxed{} = 180°$
∴ ∠$x = \boxed{}$

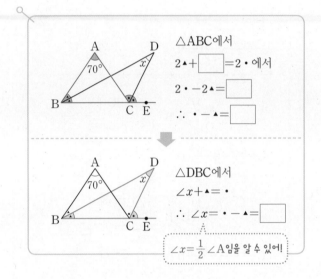

△ABC에서
$2 \blacktriangle + \boxed{} = 2 \cdot$ 에서
$2 \cdot - 2 \blacktriangle = \boxed{}$
∴ $\cdot - \blacktriangle = \boxed{}$

△DBC에서
∠$x + \blacktriangle = \cdot$
∴ ∠$x = \cdot - \blacktriangle = \boxed{}$

∠$x = \dfrac{1}{2}$ ∠A임을 알 수 있어!

08

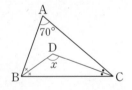

11

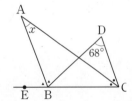

09

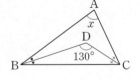

12

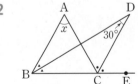

유형 1 ✕ 모양의 도형에서 각의 크기 구하기

* 다음 그림에서 $\angle x$, $\angle y$의 크기를 각각 구하시오.

01

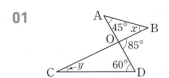

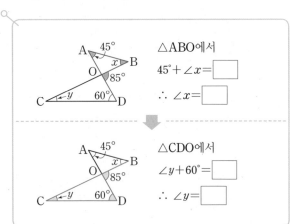

$\triangle$ABO에서

$45° + \angle x = \boxed{}$

$\therefore \angle x = \boxed{}$

$\triangle$CDO에서

$\angle y + 60° = \boxed{}$

$\therefore \angle y = \boxed{}$

02

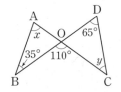

03

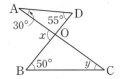

유형 2 △ 모양의 도형에서 각의 크기 구하기

* 다음 그림에서 $\angle x$의 크기를 구하시오.

04

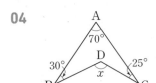

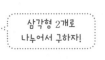
삼각형 2개로
나누어서 구하자!

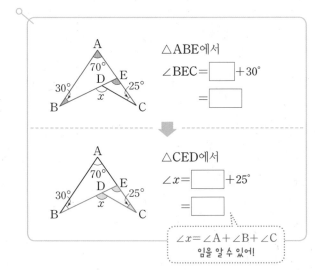

$\triangle$ABE에서

$\angle$BEC$= \boxed{} + 30°$

$= \boxed{}$

$\triangle$CED에서

$\angle x = \boxed{} + 25°$

$= \boxed{}$

$\angle x = \angle A + \angle B + \angle C$
임을 알 수 있어!

05

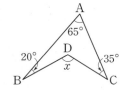

06

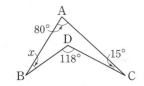

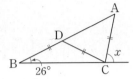

* 다음 그림에서 ∠x의 크기를 구하시오.

07

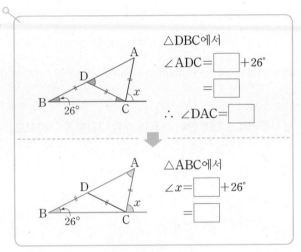

△DBC에서

∠ADC = ☐ +26°

= ☐

∴ ∠DAC = ☐

△ABC에서

∠x = ☐ +26°

= ☐

08

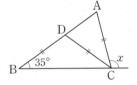

09

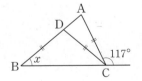

10 다음 그림에서 ∠a+∠b+∠c+∠d+∠e의 크기를 구하시오.

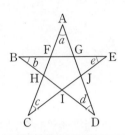

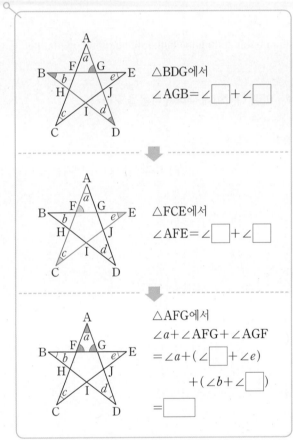

△BDG에서

∠AGB = ∠☐ + ∠☐

△FCE에서

∠AFE = ∠☐ + ∠☐

△AFG에서

∠a+∠AFG+∠AGF

= ∠a+(∠☐+∠e)

+(∠b+∠☐)

= ☐

11 다음 그림에서 ∠x의 크기를 구하시오.

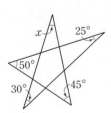

- n각형의 한 꼭짓점에서 대각선을 그어 생기는 삼각형의 개수
  ➡ $(n-2)$개
- n각형의 내각의 크기의 합
  ➡ $180° \times (n-2)$

예

$180°$ $180°$
$180°$

오각형의 내각의 크기의 합 ➡ $180° \times (5-2) = 540°$

---

* **아래 다각형에 대하여 다음을 구하시오.**

01 사각형

(1) 한 꼭짓점에서 대각선을 그어 생기는 삼각형의 개수

(2) 내각의 크기의 합

02 육각형

(1) 한 꼭짓점에서 대각선을 그어 생기는 삼각형의 개수

(2) 내각의 크기의 합

03 십각형

(1) 한 꼭짓점에서 대각선을 그어 생기는 삼각형의 개수

(2) 내각의 크기의 합

* **내각의 크기의 합이 다음과 같은 다각형을 구하시오.**

04 540°

➡ 구하는 다각형을 n각형이라고 하면

$180° \times (n-2) = \boxed{}$

$n-2 = \boxed{}$ ∴ $n = \boxed{}$

따라서 구하는 다각형은 $\boxed{}$이다.

05 1260°

06 1800°

07 3240°

* 다음 그림에서 ∠x의 크기를 구하시오.

08

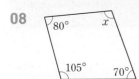

09

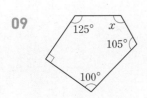

10

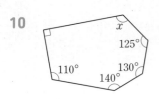

11

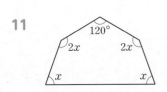

* 다음 그림에서 ∠x의 크기를 구하시오.

12

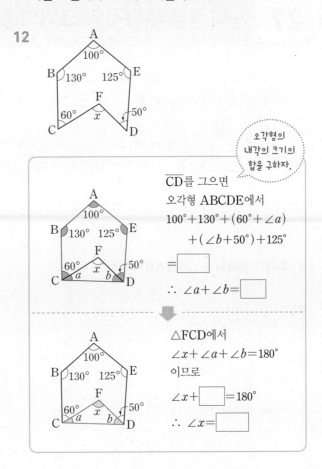

오각형의
내각의 크기의
합을 구하자.

$\overline{\mathrm{CD}}$를 그으면
오각형 ABCDE에서
$100° + 130° + (60° + \angle a)$
$+ (\angle b + 50°) + 125°$
$=$ ☐
∴ ∠a + ∠b = ☐

△FCD에서
∠x + ∠a + ∠b = 180°
이므로
∠x + ☐ = 180°
∴ ∠x = ☐

13

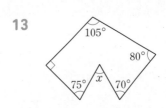

14

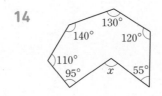

다각형의 외각의 크기의 합은 항상 360°이다.

㉖ 삼각형의 외각의 크기의 합

➡ (내각의 크기의 합)+(외각의 크기의 합)=180°×3=540°

∴ (외각의 크기의 합)=540°−180°=360°

---

* **다음 그림에서 ∠x의 크기를 구하시오.**

01

105°

x

130°

➡ 삼각형의 외각의 크기의 합은 ☐ 이므로

∠x+105°+130°= ☐

∴ ∠x= ☐

02

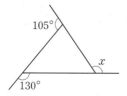

95° 55°

110°

x

03

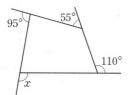

40°

70°   75° x

04

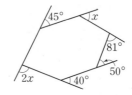

45° x

81°

2x 40°   50°

05

x

35°   130°

06

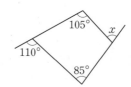

105° x

110°

85°

07

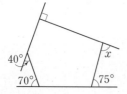

120° 40°

135°

x 80°

다음 그림에서 ∠x의 크기를 구하시오.

08

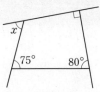

12

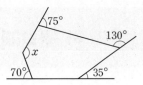

09

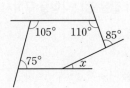

13

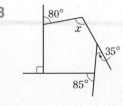

10

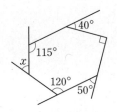

14

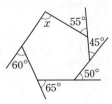

11

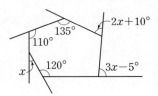

15

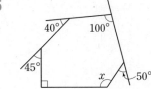

정다각형의 한 내각과 한 외각의 크기

스피드 정답 : 05쪽
친절한 풀이 : 20쪽

- 정n각형의 한 내각의 크기 ➡ $\dfrac{180° \times (n-2)}{n}$
- 정n각형의 한 외각의 크기 ➡ $\dfrac{360°}{n}$

|참고| 정n각형에서 모든 내각의 크기와 모든 외각의 크기는 각각 같다.

㉠ • 정오각형의 한 내각의 크기
➡ $\dfrac{180° \times (5-2)}{5} = 108°$

• 정오각형의 한 외각의 크기 ➡ $\dfrac{360°}{5} = 72°$

---

* **다음을 구하시오.**

01 정삼각형의 한 외각의 크기

02 정육각형의 한 내각의 크기

03 정팔각형의 한 외각의 크기

04 정구각형의 한 내각의 크기

05 정이십각형의 한 내각의 크기

* **한 내각의 크기가 다음과 같은 정다각형을 구하시오.**

06 90°

➡ 구하는 정다각형을 정n각형이라고 하면

$\dfrac{180° \times (n-2)}{n} = \boxed{}$ 에서

$180° \times (n-2) = \boxed{} \times n$

∴ $n = \boxed{}$

따라서 구하는 정다각형은 $\boxed{}$ 이다.

07 135°

08 144°

09 150°

* **한 외각의 크기가 다음과 같은 정다각형을 구하시오.**

10 72°

➡ 구하는 정다각형을 정n각형이라고 하면

$$\frac{360°}{n} = \boxed{} \qquad \therefore n = \boxed{}$$

따라서 구하는 정다각형은 $\boxed{}$이다.

11 60°

12 20°

13 18°

* **다음을 구하시오.**

14 내각의 크기의 합이 1440°인 정다각형의 한 내각의 크기

➡ ❶ 정다각형 구하기

❷ 한 내각의 크기 구하기

15 한 꼭짓점에서 그은 대각선의 개수가 5개인 정다각형의 한 내각의 크기

➡ ❶ 정다각형 구하기

❷ 한 내각의 크기 구하기

16 한 외각의 크기가 24°인 정다각형의 대각선의 개수

➡ ❶ 정다각형 구하기

❷ 대각선의 개수 구하기

17 내각의 크기의 합과 외각의 크기의 합을 모두 더하였더니 2160°가 되는 정다각형의 한 외각의 크기

➡ ❶ 정다각형 구하기

❷ 한 외각의 크기 구하기

01 오른쪽 다각형에서 ∠C의
외각의 크기는?

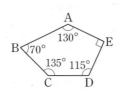

① 45°　　② 50°

③ 90°　　④ 115°

⑤ 130°

05 삼각형의 세 내각의 크기의 비가 1 : 2 : 3일 때,
가장 큰 내각의 크기를 구하시오.

02 다음 중 다각형에 대한 설명으로 옳은 것을 모두
고르시오.

> ㉠ 칠각형은 6개의 선분으로 둘러싸여 있다.
> ㉡ 한 다각형에서 변의 개수와 꼭짓점의 개수는
> 　항상 같다.
> ㉢ 다각형의 이웃하지 않는 두 꼭짓점을 이은 선
> 　분을 변이라고 한다.
> ㉣ 변의 개수가 4개인 다각형은 사각형이다.

＊ **다음 그림에서 ∠x의 크기를 구하시오. (06~10)**

06

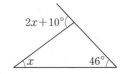

07

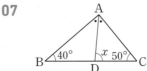

03 십각형의 한 꼭짓점에서 그을 수 있는 대각선의
개수를 a개, 이때 생기는 삼각형의 개수를 b개라
고 할 때, $a+b$의 값을 구하시오.

08

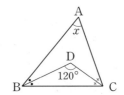

04 다음 조건을 모두 만족시키는 다각형을 구하시오.

> ㈎ 모든 변의 길이가 같다.
> ㈏ 모든 내각의 크기가 같다.
> ㈐ 대각선의 총 개수는 27개이다.

09

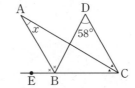

10

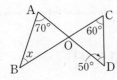

✱ **다음 그림에서 ∠a, ∠b의 크기를 각각 구하시오.**

(11~13)

11

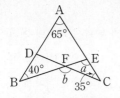

12

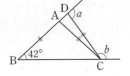

13

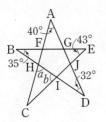

14 내각의 크기의 합이 1440°인 다각형의 꼭짓점의 개수를 구하시오.

✱ **다음 그림에서 ∠x의 크기를 구하시오. (15~16)**

15

16

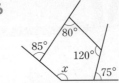

17 다음 중 정십각형에 대한 설명으로 옳은 것을 모두 고르시오.

> ㉠ 한 꼭짓점에서 8개의 대각선을 그을 수 있다.
> ㉡ 한 내각의 크기는 144°이다.
> ㉢ 외각의 크기의 합은 1800°이다.
> ㉣ 한 외각의 크기는 36°이다.

18 한 내각의 크기가 108°인 정다각형의 대각선의 개수를 구하시오.

원과 원의 구성 요소

Ⓥ 원 "어떤 한 점을 기준으로 같은 거리에 있는 점을 모두 모으자!"

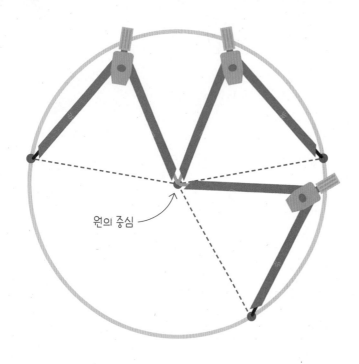

원의 중심

수학에서 '원'은 완벽한 동그라미를 말해.
어느 한쪽도 찌그러지지 않고,
둥근 정도가 일정해!

컴퍼스를 이용하면 침과 연필심 사이의 거리를 항상 똑같게 유지시킬 수 있으므로 어느 한쪽으로 치우치지 않은 원 모양을 완벽하게 그릴 수 있다.
이때 가운데 컴퍼스의 침이 꽂혀 있던 자리를 원의 중심이라고 한다.

원을 이루는 곡선은 수많은 점들이 모인 거야.
이 점들은 모두 원의 중심에서 같은 거리만큼 떨어져 있지.
이 거리를 원의 '**반지름**'이라고 해!

돋보기로 본 모습

▶ **원**
평면 위의 한 점 O로부터 일정한 거리에 있는 점의 집합을 원이라 하고, 원 O로 나타낸다.

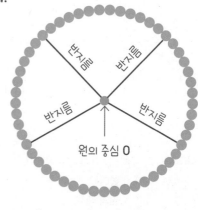

반지름 반지름
반지름 반지름

원의 중심 O

중심이 O인 원

Ⓥ 원의 부분

반지름
원의 중심과 원 위의 한 점을
이은 선분

지름
원 위의 두 점을 이은 선분
중 원의 중심을 지나는 선분

호
원 위의 두 점을 양 끝으로
하는 원의 일부분

부채꼴
원의 두 반지름과 그 사이의
호로 이루어진 도형

둘레
원 위의 점을 이은 곡선

현
원 위의 두 점을 이은 선분

활꼴
현과 호로 이루어진 도형

넓이
원의 내부의 면적

◆ 중심각의 크기와 호의 길이

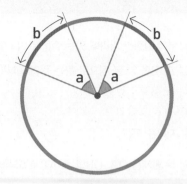

중심각의 크기가 같으면
호의 길이도 같다.

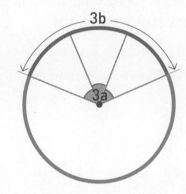

부채꼴 호의 길이는
중심각의 크기에 정비례
한다.

부채꼴의 넓이도
중심각의 크기에 정비례
한다.

◆ 중심각의 크기와 현의 길이

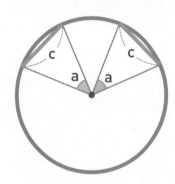

중심각의 크기가 같으면
현의 길이도 같다.

부채꼴의 현의 길이는
중심각의 크기에
정비례하지 않는다.

(a의 현의 길이)×3
≠(3a의 현의 길이)

원 : 평면 위의 한 점 O로부터 일정한 거리에 있는 점들로 이루어진 도형

- **호** AB : 원 위의 두 점 A, B를 양 끝 점으로 하는 원의 일부분   기호 $\widehat{AB}$
- **현** AB : 원 위의 두 점 A, B를 이은 선분

  |참고| 한 원에서 길이가 가장 긴 현은 지름이다.

- **할선** : 원 위의 두 점을 지나는 직선

부채꼴 AOB : 원 O에서 두 반지름 OA, OB와 호 AB로 이루어진 도형

- **중심각** : 부채꼴 AOB에서 두 반지름이 이루는 각 ➡ ∠AOB
- **활꼴** : 원 O에서 호 CD와 현 CD로 이루어진 도형

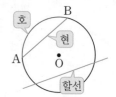

---

* **다음을 원 O 위에 나타내시오.**

01   호 AB

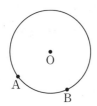

02   현 AB

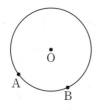

03   부채꼴 AOB

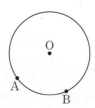

* **다음 설명 중 옳은 것에는 ○표, 옳지 않은 것에는 ×표를 하시오.**

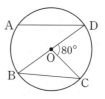

04 $\widehat{AD}$를 현이라고 한다.   (   )

05   지름 BD는 현이 아니다.   (   )

06 $\widehat{BC}$에 대한 중심각의 크기는 100°이다.

(   )

07 $\widehat{BC}$와 $\overline{BC}$로 둘러싸인 도형은 활꼴이다.

(   )

부채꼴의 중심각의 크기와 호의 길이

한 원 또는 합동인 두 원에서

• 중심각의 크기가 같은 두 부채꼴의 호의 길이는 같다.

• 호의 길이가 같은 두 부채꼴의 중심각의 크기는 같다.

• 부채꼴의 호의 길이는 중심각의 크기에 정비례한다.

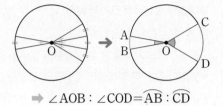

➡ ∠AOB : ∠COD = $\overset{\frown}{AB}$: $\overset{\frown}{CD}$

✱ **다음 그림의 원 O에서 x의 값을 구하시오.**

08

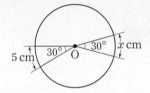

09

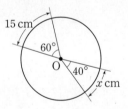

10

11

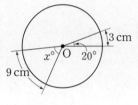

12

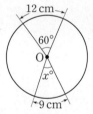

13

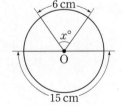

부채꼴의 중심각의 크기와 넓이

한 원 또는 합동인 두 원에서

· 중심각의 크기가 같은 두 부채꼴의 넓이는 같다.

· 넓이가 같은 두 부채꼴의 중심각의 크기는 같다.

· 부채꼴의 넓이는 중심각의 크기에 정비례한다.

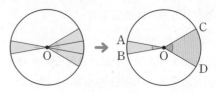

➡ ∠AOB : ∠COD

= (부채꼴 AOB의 넓이) : (부채꼴 COD의 넓이)

---

* **다음 그림의 원 O에서 x의 값을 구하시오.**

01

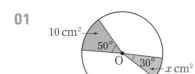

02

03

04

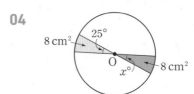

05

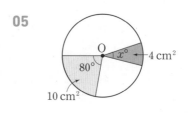

06

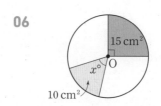

부채꼴의 중심각의 크기와 현의 길이

한 원 또는 합동인 두 원에서

• 중심각의 크기가 같은 두 부채꼴의 현의 길이는 같다.

• 현의 길이가 같은 두 부채꼴의 중심각의 크기는 같다.

• 부채꼴의 현의 길이는 중심각의 크기에 정비례하지 않는다.

| 참고 | ∠AOC=2∠AOB이지만 $\overline{AC} < 2\overline{AB}$

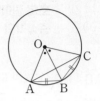

---

* **다음 그림의 원 O에서 x의 값을 구하시오.**

07

08

09

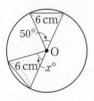

10

---

* **한 원 또는 합동인 두 원에서 다음 설명 중 옳은 것에는 ○표, 옳지 않은 것에는 ×표를 하시오.**

11 같은 크기의 중심각에 대한 현의 길이는 같다.

(   )

12 호의 길이는 중심각의 크기에 정비례한다.

(   )

13 부채꼴의 넓이는 현의 길이에 정비례한다.

(   )

14 부채꼴의 넓이는 호의 길이에 정비례한다.

(   )

15 활꼴의 넓이는 현의 길이에 정비례한다.

(   )

원과 부채꼴의 활용

유형 1 — 호의 길이의 비가 주어진 경우 중심각의 크기 구하기

※ $\overarc{AB} : \overarc{BC} : \overarc{CA}$가 다음과 같을 때, $\angle x$의 크기를 구하시오.

01 $\overarc{AB} : \overarc{BC} : \overarc{CA} = 2 : 3 : 4$

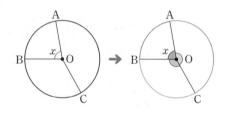

$\angle AOB : \angle BOC : \angle AOC = \boxed{} : \boxed{} : \boxed{}$

$\therefore \angle x = 360° \times \dfrac{\boxed{}}{2+3+4} = \boxed{}$

02 $\overarc{AB} : \overarc{BC} : \overarc{CA} = 4 : 5 : 3$

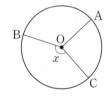

03 $\overarc{AB} : \overarc{BC} : \overarc{CA} = 3 : 1 : 5$

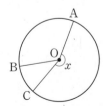

유형 2 평행선이 주어진 경우 호의 길이 구하기 1

※ 다음 그림에서 x의 값을 구하시오.

04

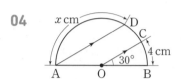

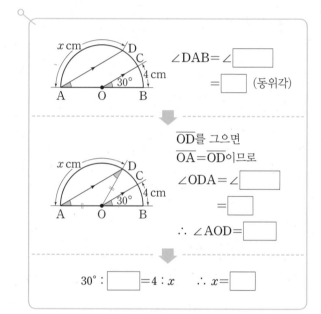

$\angle DAB = \angle \boxed{}$
$= \boxed{}$ (동위각)

$\overline{OD}$를 그으면
$\overline{OA} = \overline{OD}$이므로
$\angle ODA = \angle \boxed{}$
$= \boxed{}$
$\therefore \angle AOD = \boxed{}$

$30° : \boxed{} = 4 : x \qquad \therefore x = \boxed{}$

05

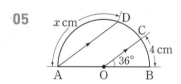

06

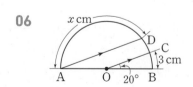

✳ 다음 그림에서 x의 값을 구하시오.

07

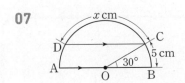

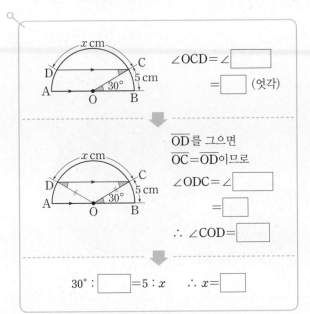

∠OCD = ∠ □
= □ (엇각)

$\overline{OD}$를 그으면
$\overline{OC} = \overline{OD}$이므로
∠ODC = ∠ □
= □
∴ ∠COD = □

30° : □ = 5 : x ∴ x = □

08

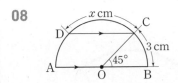

09

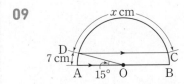

✳ 다음 그림에서 $\stackrel{\frown}{AC}$의 길이를 구하시오.

10

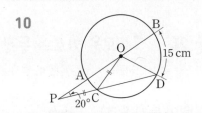

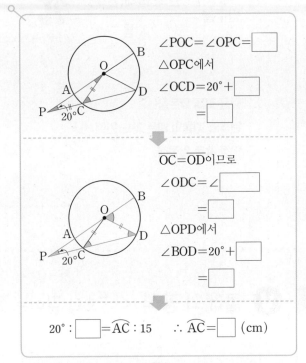

∠POC = ∠OPC = □
△OPC에서
∠OCD = 20° + □
= □

$\overline{OC} = \overline{OD}$이므로
∠ODC = ∠ □
= □
△OPD에서
∠BOD = 20° + □
= □

20° : □ = $\stackrel{\frown}{AC}$: 15   ∴ $\stackrel{\frown}{AC}$ = □ (cm)

11

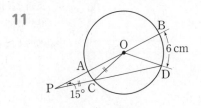

원의 공식

Ⓥ 원주율 π "새로운 기호의 등장!"

반지름은 r, 원주율은 π, 넓이는 S, 둘레는 l로 나타낸다.

$$원주율 = \frac{원의\ 둘레(원주)}{지름} = π$$

3.141592653589······

원은 모두 닮은꼴!
원주와 지름의 비는 어느 원에서나
항상 π로 일정해.

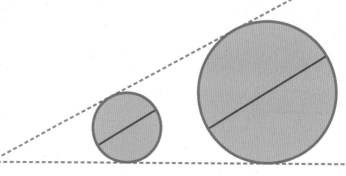

Ⓥ 둘레의 공식 "호의 길이는 중심각의 비율을 이용해서 구하자!"

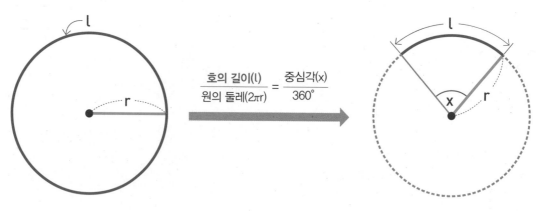

$$\frac{호의\ 길이(l)}{원의\ 둘레(2πr)} = \frac{중심각(x)}{360°}$$

원의 둘레 = 2 × 원주율 × 반지름

$$→ l = 2πr$$

원의 둘레   원에 대한 부채꼴의 중심각의 비율

$$l = 2πr × \frac{x}{360}$$

Ⓥ 넓이의 공식   "부채꼴의 넓이도 중심각의 비율을 곱해서 구한다!"

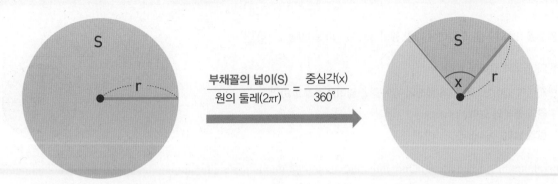

$$\frac{\text{부채꼴의 넓이(S)}}{\text{원의 둘레}(2\pi r)} = \frac{\text{중심각(x)}}{360°}$$

원의 넓이 = 원주율× 반지름 × 반지름

$$\rightarrow S = \pi r^2$$

원의 넓이   원에 대한 부채꼴의 중심각의 비율

$$S = \pi r^2 \times \frac{x}{360}$$

◆ 공식의 이해

중학교에서는 공식을 표시할 때 반지름을 **r**, 원주율을 **π**, 넓이를 **S**로 나타내는 것처럼 간단한 기호를 사용합니다.
이렇게 나타내면 식이 간단해지지만 헷갈리기 쉽죠. 다음 두 가지 비법을 익혀 공식을 자유자재로 활용하세요.

비법 ❶   **문자에서 변하는 수(변수)와 변하지 않는 수(상수)를 파악하자.**

$$l = 2\pi r$$
변수 상수 변수

원의 둘레를 구하는 공식에서 **2π**는 **l**과 **r**이 달라져도 변하지 않는 상수입니다.
따라서 이 식은 **l**(둘레)와 **r**(반지름)의 관계를 나타낸 식입니다.
r이 커지면 **l**도 같이 커지고, **l**이 커지면 **r**도 같이 커집니다.

비법 ❷   **변수를 사용하면 공식을 방정식처럼 활용할 수 있다.**

변수   변수   변수
$$S = \pi r^2 \times \frac{x}{360}$$

부채꼴의 넓이를 구하는 공식은 **S**(넓이), **r**(반지름), **x**(중심각)에 관한 식입니다. **r**과 **x**를 알면 **S**를 구할 수 있는 것처럼 3가지 변수 중에서 **2**가지를 알면 나머지 하나는 방정식으로 구할 수 있습니다.

원주율 : 원의 지름의 길이에 대한 원의 둘레의 길이의 비율 기호 π

원의 둘레의 길이와 넓이

반지름의 길이가 r인 원의 둘레의 길이를 l, 넓이를 S라고 하면
· **원의 둘레의 길이** : $l=2\pi r$
· **원의 넓이** : $S=\pi r^2$

✻ 다음 그림의 원 O에서 원의 둘레의 길이 l과 넓이 S를 각각 구하시오.

01

$l=2\pi \times \boxed{} = \boxed{}$ (cm)

$S=\pi \times \boxed{}^2 = \boxed{}$ (cm²)

02

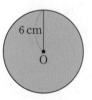

$l=$ _____

$S=$ _____

03

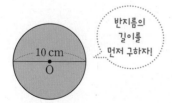

반지름의 길이를 먼저 구하자!

$l=$ _____

$S=$ _____

✻ 원의 반지름의 길이가 다음과 같을 때, 원의 둘레의 길이 l과 넓이 S를 각각 구하시오.

04 7 cm

$l=$ _____

$S=$ _____

05 9 cm

$l=$ _____

$S=$ _____

✻ 원의 지름의 길이가 다음과 같을 때, 원의 둘레의 길이 l과 넓이 S를 각각 구하시오.

06 6 cm

$l=$ _____

$S=$ _____

07 16 cm

$l=$ _____

$S=$ _____

원의 둘레의 길이가 주어진 경우

$l=2\pi r$의 l에 주어진 길이를 대입하여 반지름의 길이 r를 구할 수 있다.

원의 넓이가 주어진 경우

$S=2\pi r^2$의 S에 주어진 넓이를 대입하여 반지름의 길이 r를 구할 수 있다.

---

* 원의 둘레의 길이 l이 다음과 같을 때, 반지름의 길이 r를 구하시오.

08 $l=4\pi$ cm

➡ $2\pi r=\boxed{}$

∴ $r=\boxed{}$ (cm)

09 $l=10\pi$ cm

10 $l=18\pi$ cm

11 $l=28\pi$ cm

* 원의 넓이 S가 다음과 같을 때, 반지름의 길이 r를 구하시오.

12 $S=9\pi$ cm²

➡ $\pi r^2=\boxed{}$

∴ $r=\boxed{}$ (cm) $(\because r>0)$

13 $S=49\pi$ cm²

14 $S=64\pi$ cm²

15 $S=100\pi$ cm²

반지름의 길이가 r이고 중심각의 크기가 $x°$인 부채꼴의 호의 길이를 l, 넓이를 S라고 하면

· **부채꼴의 호의 길이** : $l = 2\pi r \times \dfrac{x}{360}$

· **부채꼴의 넓이** : $S = \pi r^2 \times \dfrac{x}{360}$

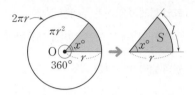

---

* 다음 부채꼴의 호의 길이 l과 넓이 S를 각각 구하시오.

01

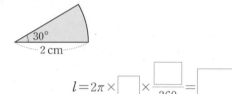

$$l = 2\pi \times \boxed{} \times \dfrac{\boxed{}}{360} = \boxed{} \ (\text{cm})$$

$$S = \pi \times \boxed{}^2 \times \dfrac{\boxed{}}{360} = \boxed{} \ (\text{cm}^2)$$

02

$l = $ _____

$S = $ _____

03

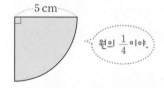

원의 $\dfrac{1}{4}$이야.

$l = $ _____

$S = $ _____

04

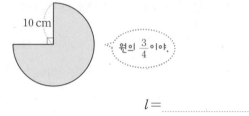

원의 $\dfrac{3}{4}$이야.

$l = $ _____

$S = $ _____

05 반지름의 길이가 4 cm, 중심각의 크기가 60°인 부채꼴

$l = $ _____

$S = $ _____

06 반지름의 길이가 10 cm, 중심각의 크기가 135°인 부채꼴

$l = $ _____

$S = $ _____

07 반지름의 길이가 8 cm, 중심각의 크기가 210°인 부채꼴

$l = $ _____

$S = $ _____

※ 다음과 같은 부채꼴의 중심각의 크기를 $x°$라고 할 때, x의 값을 구하시오.

08 호의 길이가 π cm이고 반지름의 길이가 5 cm인 부채꼴

➡ $2\pi \times \boxed{} \times \dfrac{x}{360} = \boxed{}$

  ∴ $x = \boxed{}$

09

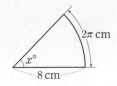

10 넓이가 24π cm²이고 반지름의 길이가 8 cm인 부채꼴

➡ $\pi \times \boxed{}^2 \times \dfrac{x}{360} = \boxed{}$

  ∴ $x = \boxed{}$

11

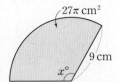

※ 다음과 같은 부채꼴의 반지름의 길이를 r cm라고 할 때, r의 값을 구하시오.

12 호의 길이가 π cm이고 중심각의 크기가 30°인 부채꼴

➡ $2\pi \times r \times \dfrac{\boxed{}}{360} = \boxed{}$

  ∴ $r = \boxed{}$

13

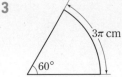

14 넓이가 15π cm²이고 중심각의 크기가 216°인 부채꼴

➡ $\pi \times r^2 \times \dfrac{\boxed{}}{360} = \boxed{}$

  $r^2 = \boxed{}$ ∴ $r = \boxed{}$ $(\because r > 0)$

15

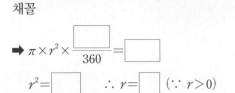

반지름의 길이가 r, 호의 길이가 l인 부채꼴의 넓이를 S라고 하면

➡ $S = \dfrac{1}{2}rl$

|참고| $S = \pi r^2 \times \dfrac{x}{360} = \dfrac{1}{2} \times \left(2\pi r \times \dfrac{x}{360} \right) \times r = \dfrac{1}{2}rl$

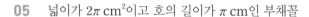

* **다음 부채꼴의 넓이 S를 구하시오.**

01

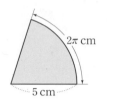

➡ $S = \dfrac{1}{2} \times 5 \times \boxed{} = \boxed{}$ (cm²)

02

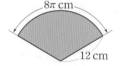

03 반지름의 길이가 3 cm이고 호의 길이가 π cm인 부채꼴

04 반지름의 길이가 4 cm이고 호의 길이가 3π cm인 인 부채꼴

* **다음 부채꼴의 반지름의 길이 r를 구하시오.**

05 넓이가 2π cm²이고 호의 길이가 π cm인 부채꼴

➡ $\dfrac{1}{2} \times r \times \boxed{} = \boxed{}$

∴ $r = \boxed{}$ (cm)

06 넓이가 21π cm²이고 호의 길이가 3π cm인 부채꼴

07

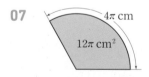

08

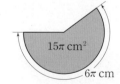

* **다음 부채꼴의 호의 길이 l을 구하시오.**

09 넓이가 $75\pi\ \text{cm}^2$이고 반지름의 길이가 $15\ \text{cm}$인 부채꼴

➡ $\dfrac{1}{2} \times \boxed{} \times l = \boxed{}$

$\therefore l = \boxed{}$ (cm)

10 넓이가 $32\pi\ \text{cm}^2$이고 반지름의 길이가 $8\ \text{cm}$인 부채꼴

11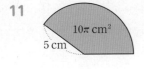

$10\pi\ \text{cm}^2$

$5\ \text{cm}$

12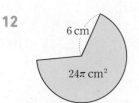

$6\ \text{cm}$

$24\pi\ \text{cm}^2$

* **다음 부채꼴의 중심각의 크기를 $x°$라고 할 때, x의 값을 구하시오.**

13 호의 길이가 $\pi\ \text{cm}$이고 넓이가 $3\pi\ \text{cm}^2$인 부채꼴

➡ ❶ 반지름의 길이 구하기

구하는 원의 반지름의 길이를 $r\ \text{cm}$라고 하면

$\dfrac{1}{2} \times r \times \boxed{} = \boxed{}$

$\therefore r = \boxed{}$ (cm)

❷ 중심각의 크기 구하기

$\pi \times \boxed{}^2 \times \dfrac{x}{360} = \boxed{}$

$\therefore x = \boxed{}$

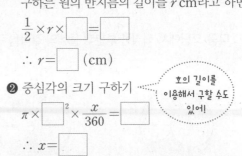

호의 길이를 이용해서 구할 수도 있어!

14 호의 길이가 $2\pi\ \text{cm}$이고 넓이가 $3\pi\ \text{cm}^2$인 부채꼴

15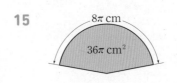

$8\pi\ \text{cm}$

$36\pi\ \text{cm}^2$

ACT+ 35 · 부채꼴의 색칠한 부분의 둘레의 길이와 넓이

ACT+ 35 부채꼴의 색칠한 부분의 둘레의 길이와 넓이

ACT+ 35 부채꼴의 색칠한 부분의 둘레의 길이와 넓이

ACT+ 35

부채꼴의 색칠한 부분의 둘레의 길이와 넓이

ACT+ 35

부채꼴의 색칠한 부분의 둘레의 길이와 넓이

스피드 정답 : 06쪽
친절한 풀이 : 25쪽

유형 1 원의 색칠한 부분의 둘레의 길이

✳ 다음 그림에서 색칠한 부분의 둘레의 길이를 구하시오.

01

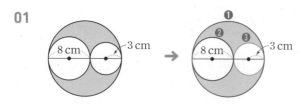

❶ $2\pi \times \boxed{} = \boxed{}$ (cm)

❷ $2\pi \times \boxed{} = \boxed{}$ (cm)

❸ $2\pi \times \boxed{} = \boxed{}$ (cm)

∴ (색칠한 부분의 둘레의 길이)

= ❶+❷+❸= $\boxed{}$ (cm)

02

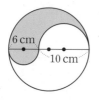

03

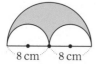

유형 2 부채꼴의 색칠한 부분의 둘레의 길이

✳ 다음 그림에서 색칠한 부분의 둘레의 길이를 구하시오.

04

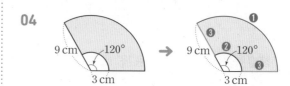

❶ $2\pi \times \boxed{} \times \dfrac{\boxed{}}{360} = \boxed{}$ (cm)

❷ $2\pi \times \boxed{} \times \dfrac{\boxed{}}{360} = \boxed{}$ (cm)

❸ $\boxed{} \times 2 = \boxed{}$ (cm)

∴ (색칠한 부분의 둘레의 길이)

= ❶+❷+❸= $\boxed{}$ (cm)

05

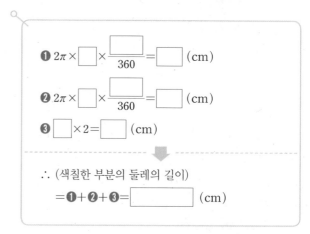

06

✳ 다음 그림에서 색칠한 부분의 넓이를 구하시오.

✳ 다음 그림에서 색칠한 부분의 넓이를 구하시오.

07

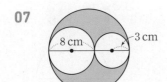

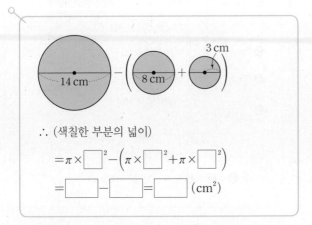

∴ (색칠한 부분의 넓이)

$= \pi \times \boxed{}^2 - \left(\pi \times \boxed{}^2 + \pi \times \boxed{}^2 \right)$

$= \boxed{} - \boxed{} = \boxed{}$ (cm²)

08

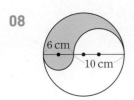

09

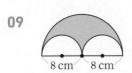

10

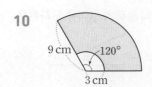

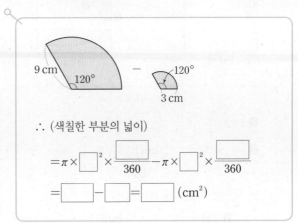

∴ (색칠한 부분의 넓이)

$= \pi \times \boxed{}^2 \times \dfrac{\boxed{}}{360} - \pi \times \boxed{}^2 \times \dfrac{\boxed{}}{360}$

$= \boxed{} - \boxed{} = \boxed{}$ (cm²)

11

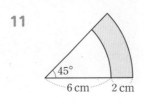

12

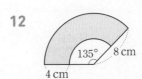

＊ 다음 그림에서 색칠한 부분의 둘레의 길이를 구하시오.

01

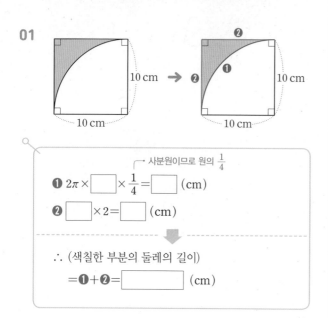

┌ 사분원이므로 원의 $\frac{1}{4}$

❶ $2\pi \times \boxed{} \times \frac{1}{4} = \boxed{}$ (cm)

❷ $\boxed{} \times 2 = \boxed{}$ (cm)

∴ (색칠한 부분의 둘레의 길이)

　　$= ❶ + ❷ = \boxed{}$ (cm)

02

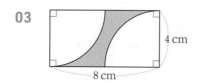

03

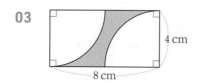

04

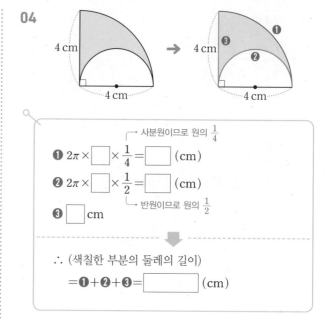

┌ 사분원이므로 원의 $\frac{1}{4}$

❶ $2\pi \times \boxed{} \times \frac{1}{4} = \boxed{}$ (cm)

❷ $2\pi \times \boxed{} \times \frac{1}{2} = \boxed{}$ (cm)

└ 반원이므로 원의 $\frac{1}{2}$

❸ $\boxed{}$ cm

∴ (색칠한 부분의 둘레의 길이)

　　$= ❶ + ❷ + ❸ = \boxed{}$ (cm)

05

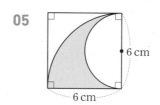

06

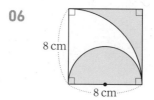

07

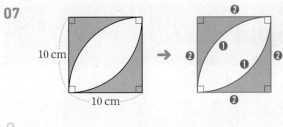

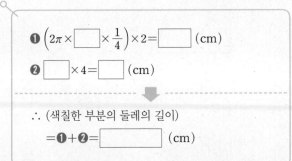

❶ $\left(2\pi \times \boxed{} \times \dfrac{1}{4}\right) \times 2 = \boxed{}$ (cm)

❷ $\boxed{} \times 4 = \boxed{}$ (cm)

∴ (색칠한 부분의 둘레의 길이)

   $= ❶ + ❷ = \boxed{}$ (cm)

08

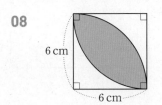

09

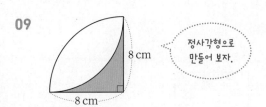

정사각형으로
만들어 보자.

10

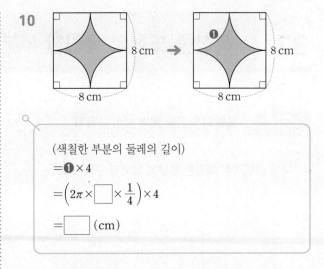

(색칠한 부분의 둘레의 길이)

$= ❶ \times 4$

$= \left(2\pi \times \boxed{} \times \dfrac{1}{4}\right) \times 4$

$= \boxed{}$ (cm)

11

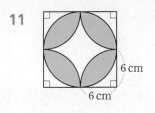

12

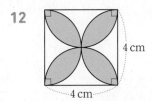

유형 1 도형의 넓이를 빼어 넓이 구하기

✳ 다음 그림에서 색칠한 부분의 넓이를 구하시오.

01
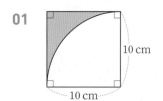

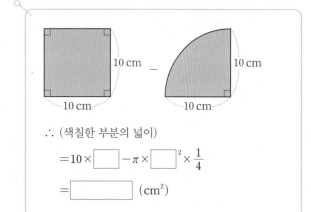

∴ (색칠한 부분의 넓이)

$= 10 \times \boxed{} - \pi \times \boxed{}^2 \times \dfrac{1}{4}$

$= \boxed{}$ (cm²)

02
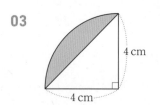
(12 cm)

03

04
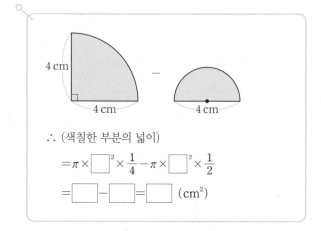

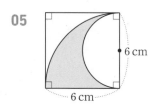

∴ (색칠한 부분의 넓이)

$= \pi \times \boxed{}^2 \times \dfrac{1}{4} - \pi \times \boxed{}^2 \times \dfrac{1}{2}$

$= \boxed{} - \boxed{} = \boxed{}$ (cm²)

05
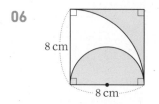

06

* 다음 그림에서 색칠한 부분의 넓이를 구하시오.

07

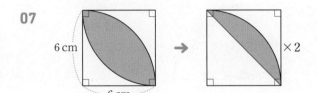

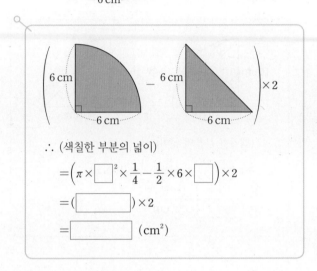

∴ (색칠한 부분의 넓이)

$$= \left(\pi \times \boxed{}^2 \times \frac{1}{4} - \frac{1}{2} \times 6 \times \boxed{} \right) \times 2$$

$$= (\boxed{}) \times 2$$

$$= \boxed{} \ (cm^2)$$

08

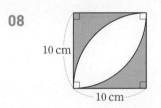

09

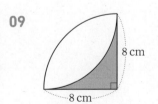

10

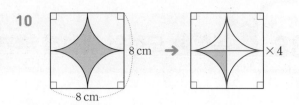

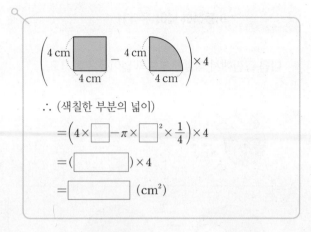

∴ (색칠한 부분의 넓이)

$$= \left(4 \times \boxed{} - \pi \times \boxed{}^2 \times \frac{1}{4} \right) \times 4$$

$$= (\boxed{}) \times 4$$

$$= \boxed{} \ (cm^2)$$

11

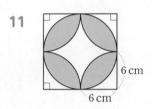

12

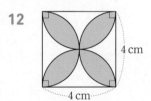

복잡한 도형의 색칠한 부분의 넓이 2

스피드 정답 : 07쪽
친절한 풀이 : 27쪽

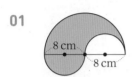 **유형 1** **이동하여 넓이 구하기**

* 다음 그림에서 색칠한 부분의 넓이를 구하시오.

01

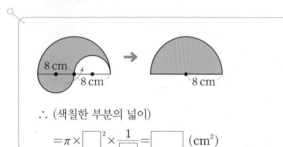

∴ (색칠한 부분의 넓이)

$$= \pi \times \boxed{}^2 \times \frac{1}{\boxed{}} = \boxed{} \ (cm^2)$$

02

6 cm

03

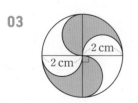

2 cm

2 cm

04

10 cm

10 cm

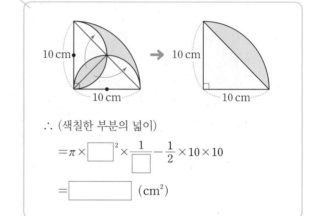

10 cm

10 cm

10 cm

10 cm

∴ (색칠한 부분의 넓이)

$$= \pi \times \boxed{}^2 \times \frac{1}{\boxed{}} - \frac{1}{2} \times 10 \times 10$$

$$= \boxed{} \ (cm^2)$$

05

4 cm

4 cm

06

5 cm

5 cm

07

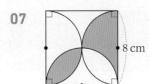

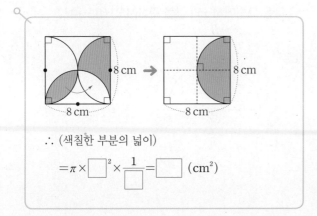

$\therefore$ (색칠한 부분의 넓이)

$$=\pi\times\boxed{}^2\times\dfrac{1}{\boxed{}}=\boxed{}\ (\text{cm}^2)$$

08

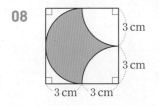

09

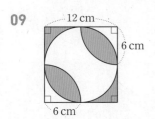

유형 2　도형을 나누어 넓이 구하기

10 오른쪽 그림은 세 변의 길이
가 각각 $3\,\text{cm}$, $4\,\text{cm}$, $5\,\text{cm}$
인 직각삼각형의 각 변을 지
름으로 하는 반원을 그린 것
이다. 색칠한 부분의 넓이를 구하시오.

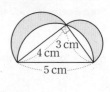

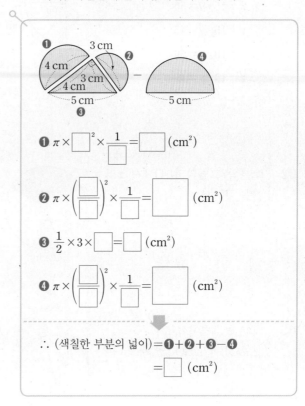

❶ $\pi\times\boxed{}^2\times\dfrac{1}{\boxed{}}=\boxed{}\ (\text{cm}^2)$

❷ $\pi\times\left(\dfrac{\boxed{}}{\boxed{}}\right)^2\times\dfrac{1}{\boxed{}}=\boxed{}\ (\text{cm}^2)$

❸ $\dfrac{1}{2}\times3\times\boxed{}=\boxed{}\ (\text{cm}^2)$

❹ $\pi\times\left(\dfrac{\boxed{}}{\boxed{}}\right)^2\times\dfrac{1}{\boxed{}}=\boxed{}\ (\text{cm}^2)$

$\therefore$ (색칠한 부분의 넓이)$=$❶$+$❷$+$❸$-$❹

$\qquad=\boxed{}\ (\text{cm}^2)$

11 오른쪽 그림은 지름의 길이가
$10\,\text{cm}$인 반원을 점 A를 중
심으로 $60°$만큼 회전한 것이
다. 색칠한 부분의 넓이를 구
하시오.

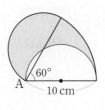

01 오른쪽 그림에서 x, y의
    값은?

    ① $x=15$, $y=60$

    ② $x=15$, $y=45$

    ③ $x=10$, $y=60$

    ④ $x=10$, $y=45$

    ⑤ $x=8$, $y=45$

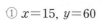

02 오른쪽 그림의 원 O에서 x의
    값을 구하시오.

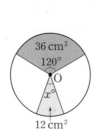

03 오른쪽 그림에서
    $\angle AOB=\angle BOC$일 때,
    □ 안에 =, ≠ 중 알맞은 것
    을 쓰시오.

    (1) $\overset{\frown}{AB}$ □ $\overset{\frown}{BC}$

    (2) $\overset{\frown}{AC}$ □ $2\overset{\frown}{AB}$

    (3) $\overline{AB}$ □ $\overline{BC}$

    (4) $\overline{AC}$ □ $2\overline{BC}$

04 오른쪽 그림에서
    $\overset{\frown}{AB} : \overset{\frown}{BC} : \overset{\frown}{CA} = 2 : 3 : 5$일
    때, $\angle AOB$, $\angle BOC$의 크기
    를 각각 구하시오.

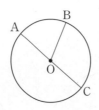

* **다음 그림에서 x의 값을 구하시오. (05~06)**

05

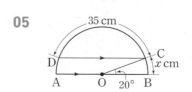

06

07 둘레의 길이가 8π cm인 원의 반지름의 길이를 구
    하시오.

08 오른쪽 부채꼴의 호의 길이 l과
    넓이 S를 각각 구하시오.

09 오른쪽 부채꼴의 넓이를
    구하시오.

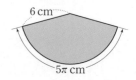

10 호의 길이가 3π cm이고 넓이가 5π cm^{2}인 부채꼴의 반지름의 길이를 구하시오.

11 오른쪽 부채꼴의 중심각의 크기를 구하시오.

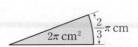

2π cm^2 $\frac{2}{3}\pi$ cm

✱ **다음 그림에서 색칠한 부분의 둘레의 길이를 구하시오.**

(12~14)

12

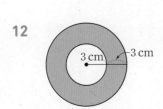

3 cm ─3 cm

13

8 cm
4 cm
30°

14

12 cm
12 cm

✱ **다음 그림에서 색칠한 부분의 넓이를 구하시오.**

(15~18)

15

6 cm 4 cm

16

8 cm
8 cm

17

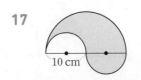

10 cm

18

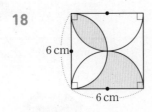

6 cm
6 cm

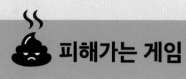 피해가는 게임

* 게임 방법

❶ 💩 이 **있는** 칸은 지나갈 수 **없습니다.**

❷ 💩 이 **없는** 칸은 반드시 **지나가야** 합니다.

❸ 한번 통과한 칸은 다시 지나갈 수 없습니다.

❹ 가로와 세로 방향으로만 갈 수 있으며,
대각선으로는 갈 수 없습니다.

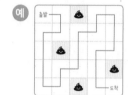

Chapter Ⅲ
입체도형

keyword

다면체, 각뿔대, 정다면체, 회전체,

기둥, 구, 뿔, 겉넓이, 부피

다면체와 회전체

Ⅴ 다면체 "평면과 곧은 모서리로 만드는 입체도형"

다각형으로만 둘러싸여 있는 입체도형을 다면체라고 부른다. 면의 개수에 따라 사면체, 오면체, 육면체……로 이름을 붙일 수 있다.

	n각기둥	n각뿔	n각뿔대
다면체	사각기둥 밑면 / 옆면 / 높이 / 밑면 / 꼭짓점	사각뿔 높이 / 옆면 / 밑면	사각뿔대 밑면 / 높이 / 옆면 / 밑면
밑면의 모양	n각형	n각형	n각형
밑면의 개수	2	1	2
옆면의 모양	직사각형	삼각형	사다리꼴
면의 수	n+2	n+1	n+2
꼭짓점의 수	2n	n+1	2n
모서리의 수	3n	2n	3n

▶ 정다면체 "모든 면이 똑같이 생겼다!"

정다면체는 모든 면이 합동인 정다각형이야.
게다가 각 꼭짓점에 모인 면의 개수가 모두 같지.
다면체는 무한하게 만들 수 있지만
정다면체는 정사면체, 정육면체, 정팔면체,
정십이면체, 정이십면체로 종류가 모두 5가지뿐이야!

정사면체

정육면체

정팔면체

정십이면체

정이십면체

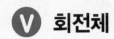 회전체 "평면을 돌려서 만드는 입체도형"

한 직선 l을 축으로 하여 평면도형을 1회전 시킨 입체도형을 회전체라고 부른다.

	원기둥	원뿔	원뿔대	구
회전시키는 평면도형	직사각형	직각삼각형	사다리꼴	반원
회전체	원기둥	원뿔	원뿔대	구
회전축에 수직인 평면으로 자른 단면	원	원	원	원
회전축을 포함하는 평면으로 자른 단면	직사각형	이등변 삼각형	사다리꼴	원
전개도				전개도가 없다.

원기둥이나 원뿔, 원뿔대처럼 곡면이 포함되어 있는 입체도형은 다면체가 아니야.
구는 전체가 다 곡면으로 둘러싸여 있으니까 다면체가 될 수 없지!

회전체는 여러 가지 모양으로 다양하게 만들 수 있어.
가운데가 비어 있게 만들 수도 있고, 두 개의 도형을 붙여서 만들 수도 있지.

다면체 : 다각형인 면으로만 둘러싸인 입체도형

- **면** : 다면체를 둘러싸고 있는 다각형
- **모서리** : 다면체를 이루고 있는 다각형의 변
- **꼭짓점** : 다면체를 이루고 있는 다각형의 꼭짓점

|참고| 다면체는 면의 개수에 따라 사면체, 오면체, 육면체, ……라고 한다.

---

* 아래 그림의 다면체에 대하여 다음을 구하시오.

01

(1) 꼭짓점의 개수
(2) 모서리의 개수
(3) 면의 개수
(4) 몇 면체인가?

02

(1) 꼭짓점의 개수
(2) 모서리의 개수
(3) 면의 개수
(4) 몇 면체인가?

* 아래 보기 의 입체도형 중에서 다음을 만족시키는 것을 모두 고르시오.

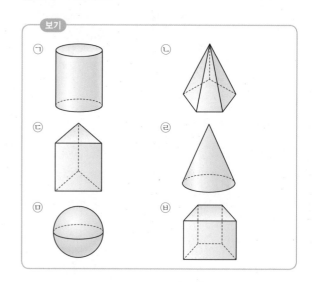

03 다면체인 것

04 꼭짓점의 개수가 6개인 것

05 모서리의 개수가 12개인 것

다면체의 종류

각뿔대 : 각뿔을 밑면에 평행한 평면으로 잘라서 생기는 두 다면체 중 각뿔이 아닌 쪽의 다면체

- **밑면** : 각뿔대에서 평행한 두 면
- **옆면** : 각뿔대에서 밑면이 아닌 면
- **높이** : 각뿔대의 두 밑면 사이의 거리

| 참고 | 각뿔대의 옆면은 모두 사다리꼴이고, 밑면의 모양에 따라 삼각뿔대, 사각뿔대, 오각뿔대, ……라고 한다.

다면체의 면, 꼭짓점, 모서리의 개수

	n각기둥	n각뿔	n각뿔대
면의 개수	$(n+2)$개	$(n+1)$개	$(n+2)$개
꼭짓점의 개수	$2n$개	$(n+1)$개	$2n$개
모서리의 개수	$3n$개	$2n$개	$3n$개

---

* **아래 그림의 각뿔대에 대하여 다음을 구하시오.**

06
(1) 각뿔대의 이름
(2) 옆면의 모양
(3) 밑면의 모양
(4) 밑면의 개수
(5) 면의 개수

07
(1) 각뿔대의 이름
(2) 옆면의 모양
(3) 밑면의 모양
(4) 밑면의 개수
(5) 면의 개수

08 다음 표를 완성하시오.

다면체	칠각기둥	육각기둥	오각뿔	팔각뿔	육각뿔대	오각뿔대
꼭짓점의 개수				9개		
모서리의 개수		18개				
면의 개수					8개	
밑면의 모양	칠각형					
옆면의 모양						사다리꼴
밑면의 개수			1개			

정다면체 : 모든 면이 합동인 정다각형이고, 각 꼭짓점에 모인 면의 개수가 모두 같은 다면체

정다면체의 종류 : 정사면체, 정육면체, 정팔면체, 정십이면체, 정이십면체의 5가지뿐이다.

정다면체	정사면체	정육면체	정팔면체	정십이면체	정이십면체
겨냥도					
면의 모양	정삼각형	정사각형	정삼각형	정오각형	정삼각형
한 꼭짓점에 모인 면의 개수	3개	3개	4개	3개	5개
면의 개수	4개	6개	8개	12개	20개

|참고| 정다면체는 입체도형이므로 한 꼭짓점에 모인 면의 개수가 3개 이상이어야 하고, 한 꼭짓점에 모인 각의 크기의 합은 360°보다 작아야 한다.

||||||||||||||||||||||||||||||||||||||||||||||||||||||||||||||||||||||||||||||||||||||||||||||||||||||||||||||

01 다음 표를 완성하시오.

	면의 개수	모서리의 개수	꼭짓점의 개수	면의 모양	한 꼭짓점에 모인 면의 개수
정사면체			4개		
정육면체		12개			
정팔면체			6개		
정십이면체	12개				
정이십면체	20개				

＊ **다음 정다면체에 대한 설명 중 옳은 것에는 ○표, 옳지 않은 것에는 ×표를 하시오.**

02 정삼각형이 한 꼭짓점에 3개씩 모인 정다면체는 정팔면체이다. (   )

03 면의 개수가 가장 적은 정다면체의 모서리의 개수는 6개이다. (   )

04 정다면체의 한 꼭짓점에 모인 각의 크기의 합은 360°이다. (   )

05 정다면체의 종류는 5가지뿐이다. (   )

※ 다음 조건을 만족시키는 정다면체를 보기 에서 찾아 쓰시오.

보기
㉠ 정사면체　　㉡ 정육면체　　㉢ 정팔면체
㉣ 정십이면체　　㉤ 정이십면체

06 각 면의 모양이 정삼각형인 정다면체

07 각 면의 모양이 정사각형인 정다면체

08 각 면의 모양이 정오각형인 정다면체

09 각 꼭짓점에 모인 면의 개수가 3개인 정다면체

10 각 꼭짓점에 모인 면의 개수가 4개인 정다면체

11 각 꼭짓점에 모인 면의 개수가 5개인 정다면체

※ 다음 조건을 모두 만족시키는 정다면체의 이름을 말하시오.

12
㉮ 모든 면은 합동인 정삼각형이다.
㉯ 각 꼭짓점에 모인 면의 개수는 3개이다.

13
㉮ 모든 면은 합동인 정삼각형이다.
㉯ 모서리의 개수는 30개이다.

14
㉮ 모든 면은 합동인 정다각형이다.
㉯ 각 꼭짓점에 모인 면의 개수는 3개이다.
㉰ 세 쌍의 평행한 면이 있다.

15
㉮ 각 꼭짓점에 모인 면의 개수는 3개이다.
㉯ 모서리의 개수는 30개이다.

정사면체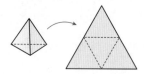

정육면체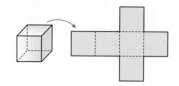

정팔면체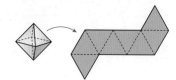

정십이면체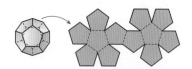

정이십면체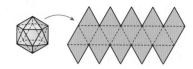

❋ 다음 정다면체와 그 전개도를 찾아 연결하시오.

01   ·

02   ·

03   ·

04   ·

05   ·

❋ 다음 중 정육면체의 전개도인 것에는 ○표, 아닌 것에는 ×표를 하시오.

06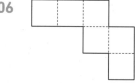

(   )

07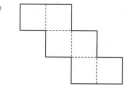

(   )

08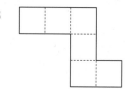

(   )

09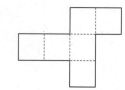

(   )

* 아래 전개도로 정다면체를 만들려고 한다. □ 안에 알맞은 것을 쓰고, 다음을 구하시오.

10

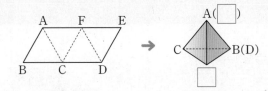

(1) 정다면체의 이름

(2) 점 A와 겹치는 점

(3) 모서리 AF와 겹치는 모서리

(4) 모서리 AB와 꼬인 위치에 있는 모서리

11

(1) 정다면체의 이름

(2) 점 A와 겹치는 점

(3) 모서리 CD와 겹치는 모서리

(4) 면 BCDM과 평행한 면

12

(1) 정다면체의 이름

(2) 점 C와 겹치는 점

(3) 모서리 AB와 겹치는 모서리

(4) 모서리 AB와 평행한 모서리

(5) 모서리 EF와 꼬인 위치에 있는 모서리

회전체 : 평면도형을 한 직선 l을 축으로 하여 1회전 시킬 때 생기는 입체도형

· **회전축** : 회전시킬 때 축이 되는 직선 l
· **모선** : 회전체의 옆면을 만드는 선분

원뿔대

원뿔을 밑면에 평행한 평면으로 자를 때 생기는 두 입체도형 중 원뿔이 아닌 쪽의 입체도형

회전체의 종류

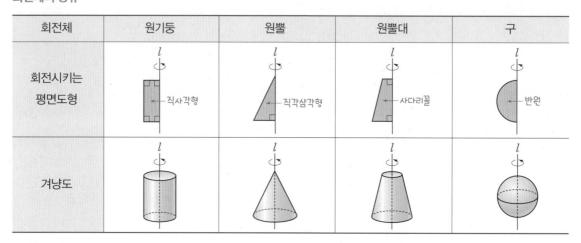

회전체	원기둥	원뿔	원뿔대	구
회전시키는 평면도형	직사각형	직각삼각형	사다리꼴	반원
겨냥도				

---

* **다음 입체도형 중 회전체인 것에는 ○표, 아닌 것에는 ✕표를 하시오.**

01

(　　)

02

(　　)

03

(　　)

04

(　　)

05

(　　)

06

(　　)

* 다음 평면도형을 직선 *l*을 회전축으로 하여 1회전 시킬 때 생기는 회전체를 그리시오.

07

08

09

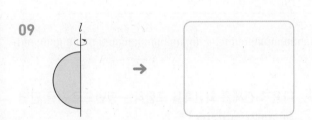

10

11

* 다음 평면도형을 직선 *l*을 축으로 하여 1회전 시킬 때 생기는 입체도형을 보기 에서 찾아 쓰시오.

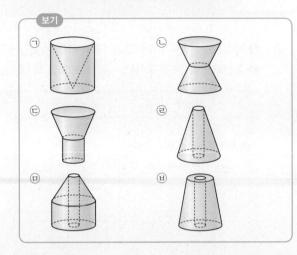

12

13

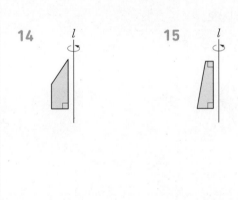

14

15

16

17

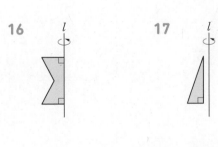

❶ 회전체를 회전축에 수직인 평면으로 자를 때 생기는 단면은 항상 원이다.

❷ 회전체를 회전축을 포함하는 평면으로 자를 때 생기는 단면은 모두 합동이고, 회전축에 대하여 선대칭도형이다.

회전체	원기둥	원뿔	원뿔대	구
❶ 회전축에 수직인 평면으로 자를 때의 단면 ➡ 원				
❷ 회전축을 포함하는 평면으로 자를 때의 단면 ➡ 합동, 선대칭도형	직사각형	이등변삼각형	사다리꼴	원

＊ 다음 회전체를 회전축에 수직인 평면으로 자른 단면의 모양을 그리시오.

01

 →

02

 →

03

 →

＊ 다음 회전체를 회전축을 포함하는 평면으로 자른 단면의 모양을 그리시오.

04

 →

05

 →

06

 →

※ 다음 회전체에 대한 설명 중 옳은 것에는 ○표, 옳지 않은 것에는 ×표 하시오.

07 회전체를 회전축에 수직인 평면으로 자른 단면은 서로 합동인 원이다. ( )

08 구는 어느 방향의 평면으로 잘라도 단면이 항상 원이다. ( )

09 원기둥을 회전축을 포함하는 평면으로 자른 단면은 항상 정사각형이다. ( )

10 원뿔대를 회전축에 수직인 평면으로 자른 단면은 항상 직사각형이다. ( )

11 회전체를 회전축을 포함하는 평면으로 자른 단면은 회전축에 대하여 선대칭도형이다. ( )

※ 다음 회전체를 회전축을 포함하는 평면으로 자른 단면의 넓이를 구하시오.

12
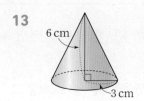
3 cm

5 cm

13
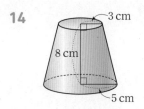
6 cm

3 cm

14
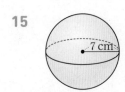
3 cm

8 cm

5 cm

15

7 cm

회전체의 전개도

스피드 정답 : 08쪽
친절한 풀이 : 30쪽

회전체	원기둥	원뿔	원뿔대	구
겨냥도	모선	모선	모선	
전개도	모선	모선	모선	전개도를 그릴 수 없다.

---

* 다음 그림과 같은 전개도로 만들어지는 입체도형을 그리시오.

01

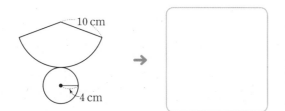

10 cm

4 cm

02

2 cm

6 cm

03

1 cm
4 cm

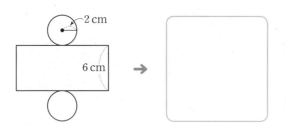

3 cm

* 다음 그림과 같은 회전체의 전개도에서 a, b의 값을 각각 구하시오.

04

8 cm 10 cm

6 cm

a cm

b cm

05

10 cm
9 cm

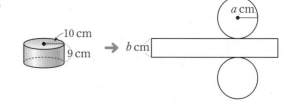

a cm

b cm

06

3 cm

5 cm

a cm

b cm

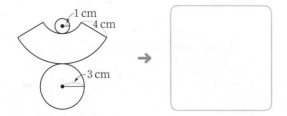

✳ 아래 원기둥의 전개도를 그리고, 다음을 구하시오.

07

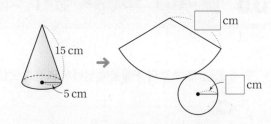

(1) (옆면인 직사각형의 가로의 길이)

= (밑면인 원의 ☐ 의 길이)

= $2\pi \times$ ☐ = ☐ (cm)

(2) (옆면인 직사각형의 세로의 길이)

= (원기둥의 ☐)

= ☐ cm

08

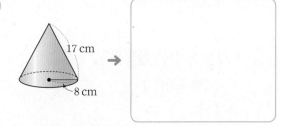

(1) 옆면인 직사각형의 가로의 길이

(2) 옆면인 직사각형의 세로의 길이

✳ 아래 원뿔의 전개도를 그리고, 다음을 구하시오.

09

(1) (옆면인 부채꼴의 반지름의 길이)

= (원뿔의 ☐ 의 길이)

= ☐ cm

(2) (옆면인 부채꼴의 호의 길이)

= (밑면인 원의 ☐ 의 길이)

= $2\pi \times$ ☐ = ☐ (cm)

10

(1) 옆면인 부채꼴의 반지름의 길이

(2) 옆면인 부채꼴의 호의 길이

* 아래 보기 를 보고 다음 물음에 답하시오. (01~02)

보기
> ㉠ 구　　　 ㉡ 삼각뿔　　　 ㉢ 팔각뿔대
> ㉣ 정육면체　 ㉤ 원기둥　　　 ㉥ 원뿔대

01 다면체를 모두 고르시오.

02 회전체를 모두 고르시오.

03 육각뿔대에 대한 다음 설명 중 옳은 것은?
　① 밑면은 팔각형이다.
　② 옆면의 개수는 2개이다.
　③ 육각뿔과 면의 개수가 같다.
　④ 모서리의 개수는 18개이다.
　⑤ 꼭짓점의 개수는 7개이다.

04 다음 중 다면체와 그 다면체의 옆면의 모양이 바르게 짝 지어지지 <u>않은</u> 것은?
　① 사각뿔 – 삼각형
　② 사면체 – 사각형
　③ 삼각기둥 – 직사각형
　④ 오각뿔대 – 사다리꼴
　⑤ 정육면체 – 정사각형

05 다음 중 면의 개수가 가장 많은 다면체는?
　① 삼각기둥　　　　② 사각뿔대
　③ 정오각뿔　　　　④ 정육각뿔대
　⑤ 칠면체

06 다음 중 다면체에 대한 설명으로 옳은 것은?
　① 다면체 중에서 면의 개수가 가장 적은 다면체는 팔면체이다.
　② 오각기둥의 밑면은 오각형이다.
　③ 사각뿔의 옆면은 사각형이다.
　④ 삼각뿔대는 삼각형과 직사각형으로 이루어진 오면체이다.
　⑤ n각뿔대의 모서리의 개수는 $2n$개이다.

* 다음 조건을 모두 만족시키는 입체도형을 구하시오. (07~08)

07
> (가) 두 밑면이 서로 평행한 칠면체이다.
> (나) 밑면의 모양은 오각형이다.
> (다) 옆면의 모양은 사다리꼴이다.

08
> (가) 다면체이다.
> (나) 각 면이 모두 합동인 정삼각형이다.
> (다) 한 꼭짓점에 모인 면의 개수는 5개이다.

09 다음 중 정다면체에 대한 설명으로 옳지 <u>않은</u> 것은?
　① 정다면체는 5가지뿐이다.
　② 모든 정다면체의 면은 정삼각형이다.
　③ 한 정다면체의 각 꼭짓점에 모인 면의 개수는 같다.
　④ 모든 면이 합동인 정다각형이다.
　⑤ 정삼각형이 한 꼭짓점에 4개씩 모인 정다면체는 정팔면체이다.

10 오른쪽 전개도로 만든 정육면체에서 모서리 BC와 꼬인 위치에 있는 모서리를 모두 고르면? (정답 2개)

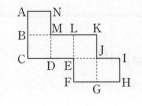

① 모서리 AN   ② 모서리 GF
③ 모서리 MD   ④ 모서리 LE
⑤ 모서리 EF

11 다음 중 회전체에 대한 설명으로 옳은 것을 모두 고르면? (정답 2개)

① 구의 전개도는 원이다.
② 회전체의 옆면을 이루는 선분을 모선이라고 한다.
③ 원뿔의 전개도에서 옆면은 이등변삼각형이다.
④ 원뿔의 전개도에서 부채꼴의 반지름의 길이는 모선의 길이와 같다.
⑤ 구는 구의 중심을 지나는 평면으로 자른 단면의 넓이가 가장 작다.

12 다음 중 직선 l을 회전축으로 하여 1회전 시킬 때 오른쪽과 같은 회전체가 되는 것은?

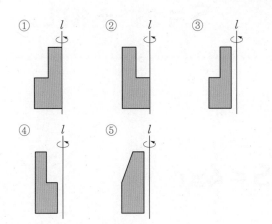

13 다음 중 회전체와 그 회전체를 회전축을 포함하는 평면으로 잘랐을 때 생기는 단면의 모양을 바르게 짝 지은 것은?

① 원기둥 – 삼각형
② 원뿔 – 직각이등변삼각형
③ 원뿔대 – 사다리꼴
④ 구 – 반원
⑤ 반구 – 사분원

14 오른쪽 그림과 같은 전개도로 만든 원뿔대에 대한 설명으로 옳지 <u>않은</u> 것은?

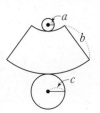

① 두 밑면은 서로 평행하다.
② 두 밑면은 크기가 서로 다른 원이다.
③ 옆면의 모선의 길이는 b이다.
④ 회전축에 수직인 평면으로 자를 때 생기는 단면은 원이다.
⑤ 회전축을 포함하는 평면으로 자를 때 생기는 단면은 삼각형이다.

15 다음 회전체를 회전축을 포함하는 평면으로 자른 단면의 넓이를 구하시오.

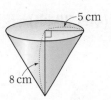

입체도형의 겉넓이와 부피

Ⓥ 겉넓이 "머릿속에 전개도를 펼쳐라!"

전개도를 접으면 입체도형이 되므로 입체도형의 겉넓이는 전개도의 전체 넓이와 같다.

기둥

(기둥의 겉넓이)=(밑넓이)×2+(옆넓이)

각기둥

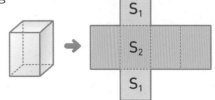

$$S = S_1 \times 2 + S_2$$

원기둥

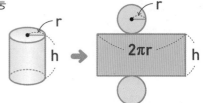

$$S = 2\pi r^2 + 2\pi rh$$

뿔

(뿔의 겉넓이)=(밑넓이)+(옆넓이)

각뿔

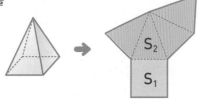

$$S = S_1 + S_2$$

원뿔

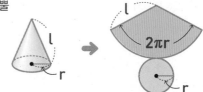

$$S = \pi r^2 + \pi rl$$

구

(구의 겉넓이)=(원의 넓이)×4

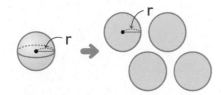

$$S = 4\pi r^2$$

Ⅴ 부피   "기둥을 기준으로 생각하자."

모양과 크기가 같은 종이를 한 줄로 겹쳐 쌓으면 기둥 모양의 입체도형이 된다.

기둥

(기둥의 부피)=(밑넓이)×(높이)

각기둥

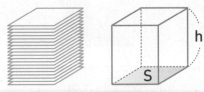

$$V = Sh$$

원기둥

$$V = \pi r^2 h$$

뿔

(뿔의 부피)=(기둥의 부피)×$\dfrac{1}{3}$

각뿔

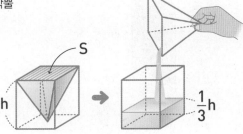

$$V = \frac{1}{3}Sh$$

원뿔

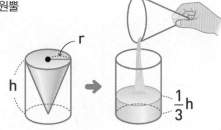

$$V = \frac{1}{3}\pi r^2 h$$

구

(구의 부피)=(기둥의 부피)×$\dfrac{2}{3}$

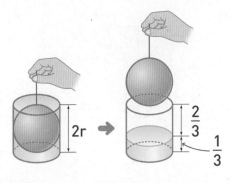

$$V = \frac{2}{3}\pi r^2 \times 2r = \frac{4}{3}\pi r^3$$

각기둥의 겉넓이

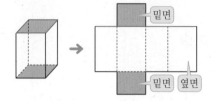

➡ (각기둥의 겉넓이)=(밑넓이)×2+(옆넓이)

각기둥의 부피

밑넓이가 S, 높이가 h인 각기둥의 부피를 V라고 하면
(각기둥의 부피)=(밑넓이)×(높이)
➡ $V=Sh$

* 다음 그림과 같은 전개도로 만들어지는 각기둥의 겉넓이를 구하시오.

01

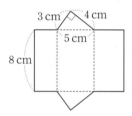

➡ ❶ (밑넓이)$=\dfrac{1}{2}×3×\boxed{}=\boxed{}(cm^2)$

❷ (옆넓이)$=(3+\boxed{}+4)×\boxed{}$
$=\boxed{}(cm^2)$

❸ (겉넓이)$=\boxed{}×2+\boxed{}$
$=\boxed{}(cm^2)$

02

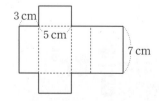

* 다음 각기둥의 겉넓이를 구하시오.

03

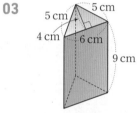

04

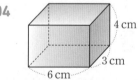

05

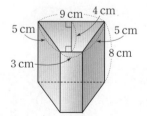

∗ **다음 각기둥의 부피를 구하시오.**

06

➡ ❶ (밑넓이)$= \dfrac{1}{2} \times 5 \times$ ☐ $=$ ☐ (cm^2)

❷ (높이)$=$ ☐ cm

❸ (부피)$=$ ☐ $\times$ ☐ $=$ ☐ (cm^3)

07

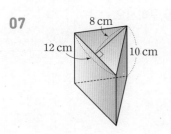

08

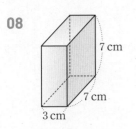

09

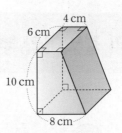

10

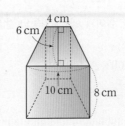

∗ **다음을 구하시오.**

11 오른쪽 그림과 같은 각기둥의
겉넓이가 $130\ cm^2$일 때, 각기
둥의 높이

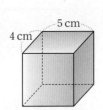

12 오른쪽 그림과 같은 각기
둥의 부피가 $48\ cm^3$일
때, 각기둥의 높이

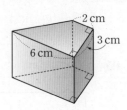

원기둥의 겉넓이와 부피

원기둥의 겉넓이

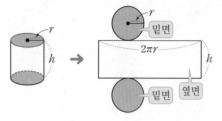

밑면의 반지름의 길이가 r, 높이가 h인 원기둥의 겉넓이를 S라고 하면

(원기둥의 겉넓이)=(밑넓이)×2+(옆넓이)

➡ $S=2\pi r^2+2\pi rh$

원기둥의 부피

밑면의 반지름의 길이가 r, 높이가 h인 원기둥의 부피를 V라고 하면

(원기둥의 부피)=(밑넓이)×(높이)

➡ $V=\pi r^2 h$

＊ 다음 그림과 같은 전개도로 만들어지는 원기둥의 겉넓이를 구하시오.

01

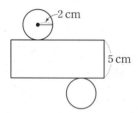

➡ ❶ (밑넓이)=$\pi \times \boxed{}^2=\boxed{}$ (cm^2)

❷ (옆넓이)=$(2\pi \times \boxed{}) \times 5=\boxed{}$ (cm^2)

❸ (겉넓이)=$\boxed{} \times 2+\boxed{}$

$=\boxed{}$ (cm^2)

02

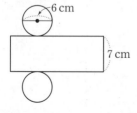

＊ 다음 원기둥의 겉넓이를 구하시오.

03

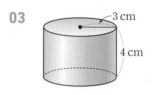

04

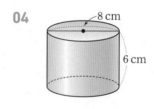

05

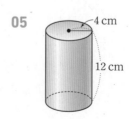

* 다음 원기둥의 부피를 구하시오.

06

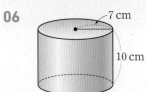
7 cm
10 cm

➡ ❶ (밑넓이) = $\pi \times$ ☐^{2} = ☐ (cm^2)

❷ (높이) = ☐ cm

❸ (부피) = ☐ $\times$ ☐ = ☐ (cm^3)

07

12 cm
12 cm

08

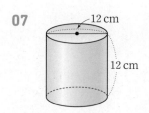
8 cm
5 cm

09

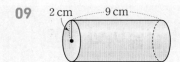
2 cm   9 cm

10

5 cm   4 cm

* 다음을 구하시오.

11   부피가 16π cm^3, 밑면의 반지름의 길이가 2 cm 인 원기둥의 높이

12   겉넓이가 120π cm^2, 밑면의 지름의 길이가 10 cm 인 원기둥의 높이

13   오른쪽 그림과 같은 원기둥 의 부피가 200π cm^{3}일 때, 밑면의 반지름의 길이

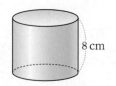
8 cm

각뿔의 겉넓이

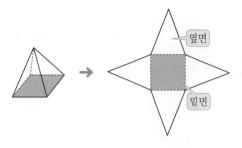

옆면

밑면

➡ (각뿔의 겉넓이)=(밑넓이)+(옆넓이)

각뿔의 부피

밑넓이가 S, 높이가 h인 각뿔의 부피를 V라고 하면

(각뿔의 부피)$=\dfrac{1}{3}\times$(밑넓이)$\times$(높이)

➡ $V=\dfrac{1}{3}Sh$

---

* 다음 그림과 같은 전개도로 만들어지는 각뿔의 겉넓이를 구하시오.

01

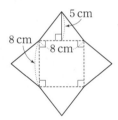

5 cm
8 cm
8 cm

➡ ❶ (밑넓이)$=8\times\boxed{}=\boxed{}$ (cm^2)

❷ (옆넓이)$=\left(\dfrac{1}{2}\times8\times\boxed{}\right)\times4$

$=\boxed{}$ (cm^2)

❸ (겉넓이)$=\boxed{}+\boxed{}=\boxed{}$ (cm^2)

02

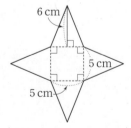

6 cm
5 cm
5 cm

* 다음 각뿔의 겉넓이를 구하시오.

03

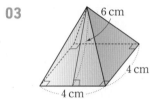

6 cm
4 cm
4 cm

04

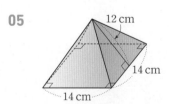

10 cm
6 cm
6 cm

05

12 cm
14 cm
14 cm

* 다음 각뿔의 부피를 구하시오.

06

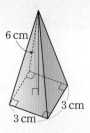

➡ ❶ (밑넓이) $=3\times$ ☐ $=$ ☐ (cm^2)

    ❷ (높이) $=$ ☐ cm

    ❸ (부피) $=\dfrac{1}{3}\times$ ☐ $\times$ ☐ $=$ ☐ (cm^3)

07

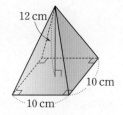

08

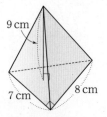

09

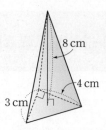

10

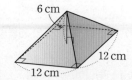

* 다음을 구하시오.

11 부피가 $480\,cm^3$이고 한 변의 길이가 $12\,cm$인 정사각형을 밑면으로 하는 사각뿔의 높이

12 오른쪽 그림과 같은 정사각뿔의 부피가 $256\,cm^3$일 때, 밑면의 한 변의 길이

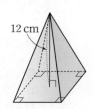

13 오른쪽 그림과 같은 삼각뿔의 부피가 $36\,cm^3$일 때, 높이

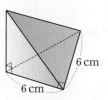

원뿔의 겉넓이

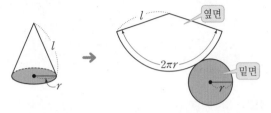

밑면의 반지름의 길이가 r, 모선의 길이가 l인 원뿔의 겉넓이를 S라고 하면

(원뿔의 겉넓이)=(밑넓이)+(옆넓이)

➡ $S = \pi r^2 + \pi r l$

원뿔의 부피

밑면의 반지름의 길이가 r, 높이가 h인 원뿔의 부피를 V라고 하면

(원뿔의 부피)=$\dfrac{1}{3}$×(밑넓이)×(높이)

➡ $V = \dfrac{1}{3}\pi r^2 h$

---

* 다음 그림과 같은 전개도로 만들어지는 원뿔의 겉넓이를 구하시오.

01

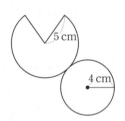

➡ ❶ (밑넓이)=$\pi \times \boxed{}^2 = \boxed{}$ (cm²)

❷ (옆넓이)=$\pi \times \boxed{} \times 5 = \boxed{}$ (cm²)

❸ (겉넓이)=$\boxed{} + \boxed{}$

= $\boxed{}$ (cm²)

02

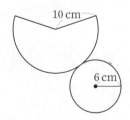

* 다음 원뿔의 겉넓이를 구하시오.

03

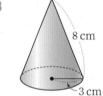

04

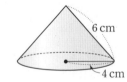

05

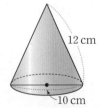

* **다음 원뿔의 부피를 구하시오.**

06

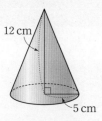

12 cm

5 cm

➡ ❶ (밑넓이)$=\pi \times \boxed{}^2 = \boxed{}$ (cm²)

❷ (높이)$=\boxed{}$ cm

❸ (부피)$=\dfrac{1}{3} \times \boxed{} \times \boxed{}$

$=\boxed{}$ (cm³)

07

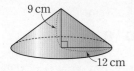

9 cm

12 cm

08

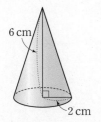

6 cm

2 cm

09

8 cm

6 cm

* **다음을 구하시오.**

10 부피가 48π cm³이고 높이가 9 cm인 원뿔에서 밑면의 반지름의 길이

11 겉넓이가 14π cm²이고 밑면의 반지름의 길이가 2 cm인 원뿔에서 모선의 길이

12 오른쪽 그림과 같이 밑면의 반지름의 길이가 5 cm, 모선의 길이가 8 cm인 원뿔의 전개도에서 부채꼴의 중심각의 크기

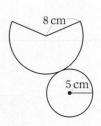

8 cm

5 cm

뿔대의 겉넓이와 부피

유형 1   **각뿔대의 겉넓이**

✻ 다음 각뿔대의 겉넓이를 구하시오.

01

❶ (밑넓이의 합)$=3\times3+\boxed{}\times\boxed{}$

             $=\boxed{}$ (cm^2)

❷ (옆넓이)$=\left\{\dfrac{1}{2}\times(3+\boxed{})\times\boxed{}\right\}\times4$

        $=\boxed{}$ (cm^2)

❸ (겉넓이)$=❶+❷$

      $=\boxed{}+\boxed{}=\boxed{}$ (cm^2)

02

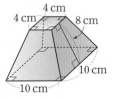

03

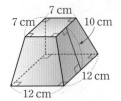

유형 2   **각뿔대의 부피**

✻ 다음 각뿔대의 부피를 구하시오.

04

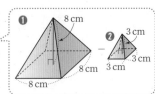

❶ (큰 뿔의 부피)$=\dfrac{1}{3}\times\boxed{}\times\boxed{}\times\boxed{}$

           $=\boxed{}$ (cm^3)

❷ (작은 뿔의 부피)$=\dfrac{1}{3}\times\boxed{}\times\boxed{}\times3$

             $=\boxed{}$ (cm^3)

❸ (각뿔대의 부피)$=❶-❷$

        $=\boxed{}-\boxed{}=\boxed{}$ (cm^3)

05

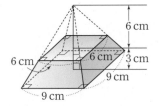

06

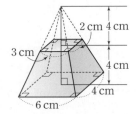

✳ 다음 원뿔대의 겉넓이를 구하시오.

07

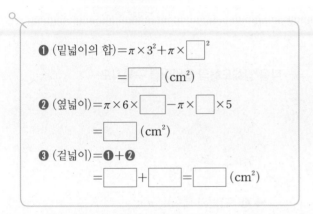

❶ (밑넓이의 합)$=\pi \times 3^2 + \pi \times \boxed{}^2$

$=\boxed{}$ (cm²)

❷ (옆넓이)$=\pi \times 6 \times \boxed{} - \pi \times \boxed{} \times 5$

$=\boxed{}$ (cm²)

❸ (겉넓이)$=❶+❷$

$=\boxed{}+\boxed{}=\boxed{}$ (cm²)

08

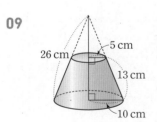

09

26 cm
5 cm
13 cm
10 cm

✳ 다음 원뿔대의 부피를 구하시오.

10

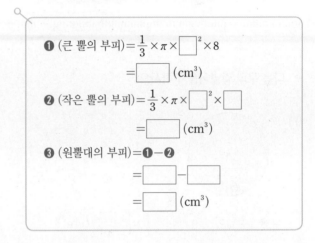

❶ (큰 뿔의 부피)$=\dfrac{1}{3} \times \pi \times \boxed{}^2 \times 8$

$=\boxed{}$ (cm³)

❷ (작은 뿔의 부피)$=\dfrac{1}{3} \times \pi \times \boxed{}^2 \times \boxed{}$

$=\boxed{}$ (cm³)

❸ (원뿔대의 부피)$=❶-❷$

$=\boxed{}-\boxed{}$

$=\boxed{}$ (cm³)

11

6 cm
4 cm
6 cm
8 cm

12

3 cm   2 cm
6 cm
6 cm

구의 겉넓이

반지름의 길이가 r인 구의 겉넓이를 S라고 하면 ➡ $S=4\pi r^2$

구의 부피

반지름의 길이가 r인 구의 부피를 V라고 하면 ➡ $V=\dfrac{4}{3}\pi r^3$

＊ **다음 구의 겉넓이를 구하시오.**

01

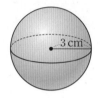

3 cm

➡ (겉넓이)$=4\pi\times\boxed{}^2=\boxed{}$ (cm²)

02

5 cm

03

18 cm

＊ **다음 입체도형의 겉넓이를 구하시오.**

04

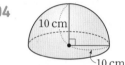

10 cm
10 cm

➡ ❶ (단면의 넓이)$=\pi\times\boxed{}^2=\boxed{}$ (cm²)

　❷ (곡면의 넓이)$=4\pi\times\boxed{}^2\times\dfrac{1}{2}$

　　$=\boxed{}$ (cm²)

　❸ (겉넓이)$=❶+❷=\boxed{}$ (cm²)

05

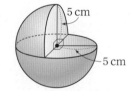

5 cm
5 cm

06

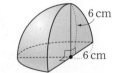

6 cm
6 cm

* 다음 입체도형의 부피를 구하시오.

07

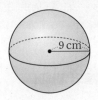

9 cm

➡ (부피)$= \dfrac{4}{3}\pi \times \boxed{}^3 = \boxed{}$ (cm³)

08

12 cm

09

6 cm

6 cm

➡ (부피)$= \dfrac{4}{3}\pi \times \boxed{}^3 \times \dfrac{1}{2} = \boxed{}$ (cm³)

10

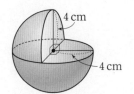

4 cm

4 cm

* 다음 구의 반지름의 길이를 구하시오.

11 겉넓이가 16π cm²인 구

12 부피가 36π cm³인 구

* 다음 그림과 같이 원기둥 안에 구와 원뿔이 꼭 맞게 들어 있다. 원뿔, 구, 원기둥의 부피의 비를 가장 간단한 자연수의 비로 나타내시오.

13

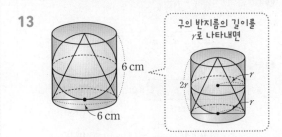

구의 반지름의 길이를 r로 나타내면

6 cm

6 cm

$2r$ r r

(1) 원뿔의 부피

(2) 구의 부피

(3) 원기둥의 부피

(4) 원뿔, 구, 원기둥의 부피의 비

14

5 cm

(원뿔) : (구) : (원기둥) = _____

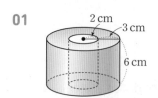 **유형 1**　구멍이 뚫린 기둥의 겉넓이

＊ 다음 입체도형의 겉넓이를 구하시오.

01

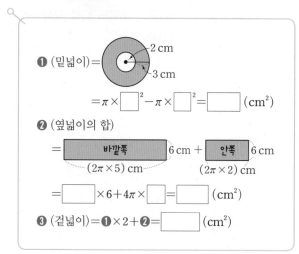

❶ (밑넓이)=

$$=\pi\times\boxed{}^2-\pi\times\boxed{}^2=\boxed{}\ (\text{cm}^2)$$

❷ (옆넓이의 합)

= 바깥쪽 6 cm ＋ 안쪽 6 cm
　$(2\pi\times5)$ cm　　$(2\pi\times2)$ cm

$$=\boxed{}\times6+4\pi\times\boxed{}=\boxed{}\ (\text{cm}^2)$$

❸ (겉넓이)=❶×2+❷=$\boxed{}$ (cm²)

02

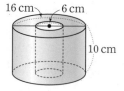
16 cm　6 cm
10 cm

03

6 cm　2 cm
6 cm
8 cm

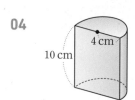 **유형 2**　밑면이 부채꼴인 기둥의 겉넓이

＊ 다음 입체도형의 겉넓이를 구하시오.

04

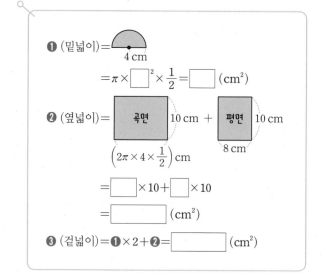
10 cm　4 cm

❶ (밑넓이)= ● 4 cm

$$=\pi\times\boxed{}^2\times\frac{1}{2}=\boxed{}\ (\text{cm}^2)$$

❷ (옆넓이)= 곡면 10 cm ＋ 평면 10 cm
　　$\left(2\pi\times4\times\dfrac{1}{2}\right)$ cm　　8 cm

$$=\boxed{}\times10+\boxed{}\times10$$

$$=\boxed{}\ (\text{cm}^2)$$

❸ (겉넓이)=❶×2+❷=$\boxed{}$ (cm²)

05

2 cm
6 cm

06

270°
9 cm
5 cm

| 유형 3 | 입체도형이 붙어 있는 모양의 겉넓이 |

* 다음 입체도형의 겉넓이를 구하시오.

07

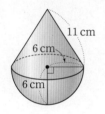

3 cm
3 cm
5 cm

❶ (반구의 곡면의 넓이)$=4\pi \times \boxed{}^2 \times \dfrac{1}{2}$

$=\boxed{}$ (cm^2)

❷ (원뿔의 옆넓이)$=\pi \times 3 \times \boxed{}$

$=\boxed{}$ (cm^2)

❸ (겉넓이)$=❶+❷=\boxed{}$ (cm^2)

08

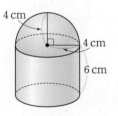

11 cm
6 cm
6 cm

09

4 cm
4 cm
6 cm

| 유형 4 | 회전체의 겉넓이 |

* 다음 평면도형을 직선 l을 회전축으로 하여 1회전 시킬 때 생기는 입체도형의 겉넓이를 구하시오.

10

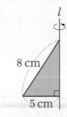

l
8 cm
5 cm

11

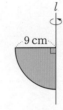

l
9 cm

12

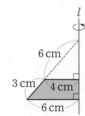

l
6 cm
3 cm
4 cm
6 cm

입체도형의 부피 활용 1

유형 1 **구멍이 뚫린 기둥의 부피**

* 다음 입체도형의 부피를 구하시오.

01

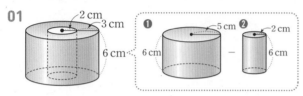

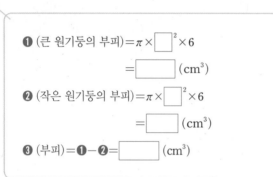

❶ (큰 원기둥의 부피)$= \pi \times \boxed{}^2 \times 6$

$= \boxed{}$ (cm³)

❷ (작은 원기둥의 부피)$= \pi \times \boxed{}^2 \times 6$

$= \boxed{}$ (cm³)

❸ (부피)$=$ ❶ $-$ ❷ $= \boxed{}$ (cm³)

02

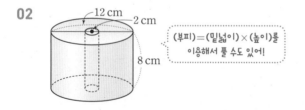

(부피)=(밑넓이)×(높이)를
이용해서 풀 수도 있어!

03

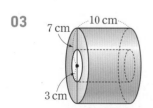

유형 2 **밑면이 부채꼴인 기둥의 부피**

* 다음 입체도형의 부피를 구하시오.

04

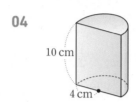

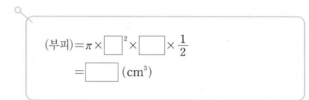

(부피)$= \pi \times \boxed{}^2 \times \boxed{} \times \dfrac{1}{2}$

$= \boxed{}$ (cm³)

05

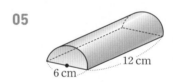

06

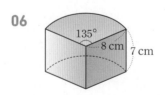

유형 3	입체도형이 붙어 있는 모양의 부피

※ 다음 입체도형의 부피를 구하시오.

07

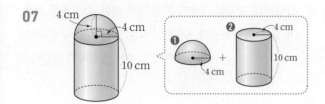

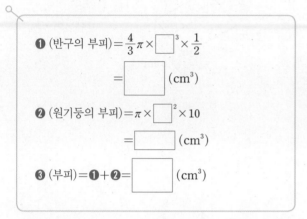

❶ (반구의 부피)$=\dfrac{4}{3}\pi \times \boxed{}^3 \times \dfrac{1}{2}$

$= \boxed{}$ (cm³)

❷ (원기둥의 부피)$=\pi \times \boxed{}^2 \times 10$

$= \boxed{}$ (cm³)

❸ (부피)=❶+❷$= \boxed{}$ (cm³)

08

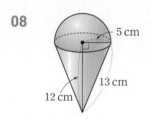

09

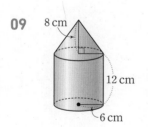

유형 4	회전체의 부피

※ 다음 평면도형을 직선 l을 회전축으로 하여 1회전 시킬 때 생기는 입체도형의 부피를 구하시오.

10

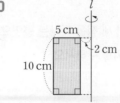

11

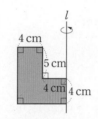

12

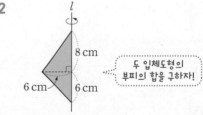

두 입체도형의 부피의 합을 구하자!

입체도형의 부피 활용 2

유형 1　삼각뿔의 부피 활용

* 다음 직육면체를 그림과 같이 세 점을 지나는 평면으로
　자를 때 생기는 삼각뿔의 부피를 구하시오.

01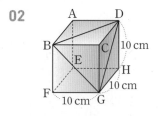

❶ (밑면의 넓이)
$$= \frac{1}{2} \times \boxed{} \times \boxed{} = \boxed{} \ (\text{cm}^2)$$

❷ (높이) $= \boxed{}$ cm

❸ (부피) $= \frac{1}{3} \times ❶ \times ❷$
$$= \frac{1}{3} \times \boxed{} \times \boxed{} = \boxed{} \ (\text{cm}^3)$$

02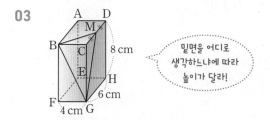

03

밑면을 어디로
생각하느냐에 따라
높이가 달라!

* 직육면체 모양의 그릇에 물을 가득 채운 후 그릇을 기울
여 물을 흘려보냈다. 이때 남은 물의 부피를 구하시오.
(단, 그릇의 두께는 생각하지 않는다.)

04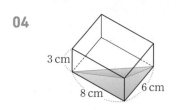

05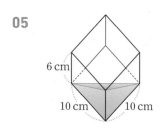

06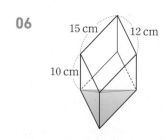

* 다음 두 입체도형 A, B의 부피가 같을 때, h의 값을 구
하시오.

07

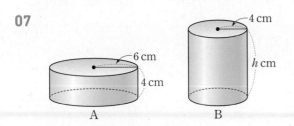

08

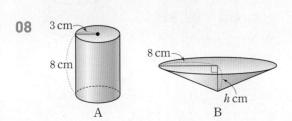

09

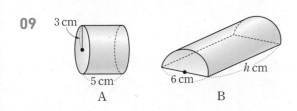

10

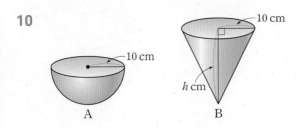

* 다음 두 그릇 A, B에 담긴 물의 부피가 같을 때, h의 값
을 구하시오. (단, 그릇의 두께는 생각하지 않는다.)

11

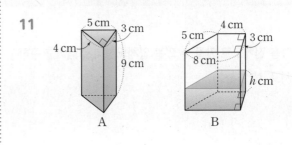

12

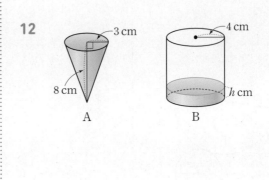

13

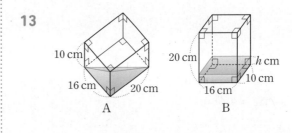

14

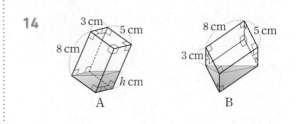

* 다음 전개도로 만들 수 있는 입체도형의 겉넓이를 구하시오. (01~02)

01
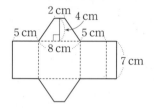

02
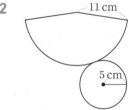

03 겉넓이가 294 cm²인 정육면체의 한 모서리의 길이를 구하시오.

04 오른쪽 그림과 같은 정사각뿔의 겉넓이가 340 cm²일 때, h의 값은?

① 7   ② 8
③ 9   ④ 10
⑤ 12

05 부피가 $\frac{256}{3}\pi$ cm³인 구의 겉넓이를 구하시오.

06 오른쪽 그림과 같이 원기둥 안에 구와 원뿔이 꼭 맞게 들어 있다. 원기둥, 원뿔, 구의 부피의 비를 가장 간단한 자연수의 비로 나타내면?

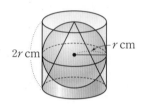

① 1 : 2 : 3   ② 3 : 1 : 2   ③ 2 : 1 : 5
④ 1 : 3 : 2   ⑤ 3 : 2 : 1

07 다음 두 입체도형 A, B의 부피가 같을 때, h의 값은?

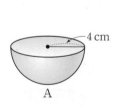
A

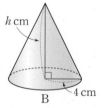
B

① 6   ② 7   ③ 8
④ 9   ⑤ 10

* **다음 입체도형의 겉넓이를 구하시오. (08~11)**

* **다음 입체도형의 부피를 구하시오. (12~15)**

08
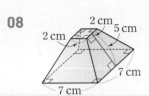
2 cm
2 cm
5 cm
7 cm
7 cm

12
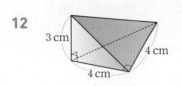
3 cm
4 cm
4 cm

09
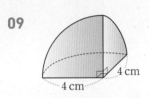
4 cm
4 cm

13
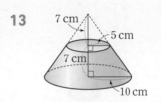
7 cm
5 cm
7 cm
10 cm

10
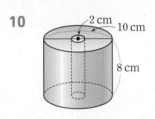
2 cm
10 cm
8 cm

14
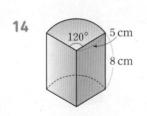
120°
5 cm
8 cm

11
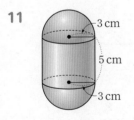
3 cm
5 cm
3 cm

15
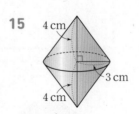
4 cm
3 cm
4 cm

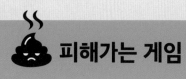 피해가는 게임

✳ 게임 방법

❶ 💩 이 **있는** 칸은 지나갈 수 **없습니다.**

❷ 💩 이 **없는** 칸은 **반드시 지나가야** 합니다.

❸ 한번 통과한 칸은 다시 지나갈 수 없습니다.

❹ 가로와 세로 방향으로만 갈 수 있으며,
대각선으로는 갈 수 없습니다.

정답과 풀이

도형을 잡으면 수학이 완성된다!

기적의
중학도형

1권

길벗스쿨

정답과 풀이

| 스피드 정답 | 01~09쪽

각 문제의 정답만을 모아서 빠르게 정답을 확인할 수 있습니다.

| 친절한 풀이 | 10~36쪽

틀리기 쉽거나 헷갈리는 문제들의 풀이 과정을 친절하고 자세하게 실었습니다.

Chapter I 기본 도형과 작도

ACT 01
014~015쪽

01 평	04 점 C	08 3개	12 ○	15 ×
02 평	05 점 E	09 8개	13 ×	16 ×
03 입	06 선분 AD	10 8개, 12개	14 ○	17 ○
	07 선분 BC	11 6개, 10개		

ACT 02
016~017쪽

01 $\overleftrightarrow{MN}(\overleftrightarrow{NM})$
02 $\overrightarrow{MN}$
03 $\overrightarrow{NM}$
04 $\overline{MN}(\overline{NM})$

09
$=$

10
$\neq$

11
$=$

12
$\neq$

13 1개, 2개, 1개
14 3개, 6개, 3개
15 $\overleftrightarrow{AB}$
16 $\overrightarrow{CB}$
17 $\overline{AB}$

ACT 03
018~019쪽

01 7 cm	05 (1) 2	07 (1) 8 (2) $\frac{1}{2}$, 4	09 (1) 3 (2) $\frac{1}{3}$, 4
02 4 cm	(2) $\frac{1}{2}$, 5	(3) 2, 16	(3) 2, 8 (4) $\frac{2}{3}$, 8
03 8 cm	06 (1) 4	08 (1) $\frac{1}{2}$, 10	10 (1) 2, 12 (2) 12
04 6 cm	(2) 2, 2, 8	(2) $\frac{1}{2}$, $\frac{1}{2}$ / $\frac{1}{4}$, 5	(3) 3, 36
		(3) 15 (4) 2, 2, 4	

ACT 04
020~021쪽

01 ×	06 둔각	10 50°, 180° / 130°	15 30°
02 ○	07 직각	11 110°	16 20°
03 ×	08 예각	12 60°	17 30° / 2, 60° / 3, 90°
04 ×	09 평각	13 50°	18 $\angle x=36°$, $\angle y=54°$,
05 ○		14 25°	$\angle z=90°$

ACT 05
022~023쪽

01 $\angle DOE$	05 40°	09 60°, 25°	13 12°
02 $\angle EOF$	06 90°	10 21°	14 25°
03 $\angle FOB$	07 21°	11 58°	15 18°
04 $\angle DOB$	08 24°	12 27°	16 $\angle x=120°$, $\angle y=70°$
			17 $\angle x=35°$, $\angle y=80°$

ACT 06
024~025쪽

01 $\overline{BC}$

02 $\overline{AB} \perp \overline{BC}$

03 $\overline{AB} \perp \overline{AC}$,
$\overline{AB} \perp \overline{AD}$,
$\overline{AB} \perp \overline{BE}$

04 $\perp$

05 $\overleftrightarrow{PM}$

06 4

07 90

08

(1) 3 cm   (2) 1 cm   (3) 2 cm

09

(1) 4 cm   (2) 2 cm   (3) 5 cm

10 (1) 점 B   (2) 12 cm

11 (1) 점 H   (2) 12 cm

12 (1) 점 B   (2) 15 cm

ACT 07
028~029쪽

01 점 B, 점 D, 점 E

02 점 A, 점 C

03 점 A, 점 B, 점 D

04 점 C, 점 E

05 (1) 점 A, 점 B, 점 C
  (2) 점 A

06 (1) 점 A, 점 B, 점 C, 점 D
  (2) 점 A, 점 B, 점 E, 점 F

07 평행하다

08 한 점에서 만난다

09 일치한다

10 만나지 않는다

11 (1) 변 AD, 변 BC
  (2) 변 AB, 변 CD
  (3) $\overline{AD} /\!/ \overline{BC}$

12 (1) 변 AB, 변 CD
  (2) 변 AD, 변 BC
  (3) $\overline{BC} /\!/ \overline{AD}$

ACT 08
030~031쪽

01 평행하다.

02 한 점에서 만난다.

03 꼬인 위치에 있다.

04 꼬인 위치에 있다.

05

모서리 AD, 모서리 BC,
모서리 AE, 모서리 BF

06

모서리 AD, 모서리 BC,
모서리 EH

07

모서리 BF, 모서리 CG,
모서리 EF, 모서리 GH

08 모서리 AB, 모서리 CD,
모서리 BF, 모서리 CG

09 모서리 AB, 모서리 EF,
모서리 GH

10 모서리 AD, 모서리 EH,
모서리 CD, 모서리 GH

11 모서리 AC, 모서리 AD,
모서리 BC, 모서리 DE

12 모서리 AD, 모서리 AE

13 모서리 BC, 모서리 BE

14 직선 AB, 직선 AE, 직선 BC,
직선 DE, 직선 CH, 직선 DI

15 직선 HI

16 직선 AE, 직선 FJ, 직선 CD,
직선 HI, 직선 DE, 직선 IJ

17 모서리 AB, 모서리 AD,
모서리 AE, 모서리 BC,
모서리 CD, 모서리 CG

18 모서리 BF, 모서리 CG,
모서리 EF, 모서리 GH

19 모서리 BF, 모서리 DH,
모서리 EF, 모서리 FG,
모서리 GH, 모서리 EH

ACT 09
032~033쪽

01 모서리 EF, 모서리 FG, 모서리 GH, 모서리 EH

02 모서리 BC, 모서리 BF, 모서리 FG, 모서리 CG

03 모서리 AD, 모서리 BC, 모서리 EH, 모서리 FG

04 모서리 AD

05 모서리 DE, 모서리 EF, 모서리 DF

06 면 ADEB

07 면 ABCD, 면 ABFE, 면 EFGH, 면 CGHD

08 면 EFGH

09 면 ABFE, 면 BFGC, 면 CGHD, 면 AEHD

10 면 DCGH

11 면 ABCDEF, 면 GHIJKL, 면 ABHG, 면 CIJD

12 면 CIJD, 면 DJKE

13 면 ABCDEF, 면 GHIJKL

14 면 BHGA

ACT+ 10
034~035쪽

01 모서리 AC, 모서리 DG

02 모서리 AD, 모서리 DG, 모서리 DE, 모서리 EF, 모서리 FG

03 면 ADGC

04 면 BFC, 면 CFG

05 면 DEFG

06 면 ABED, 면 ADGC, 면 BEF, 면 CFG

07 직선 AD, 직선 AE, 직선 BC, 직선 BF, 직선 EF

08 직선 AE, 직선 BF, 직선 EH, 직선 FG, 직선 EF

09 모서리 AE, 모서리 BF, 모서리 CG, 모서리 DH

10 모서리 AD, 모서리 AE, 모서리 EH, 모서리 DH

11 면 AEHD, 면 BFGC

12 면 AEHD

13 ○   **16** 풀이 참조, ×   **19** 풀이 참조, ○

14 풀이 참조, ×   **17** ○   **20** 풀이 참조, ×

15 풀이 참조, ×   **18** 풀이 참조, ○   **21** 풀이 참조, ×

ACT 11
038~039쪽

01 (1) $\angle e$ (2) $\angle h$ (3) $\angle c$ (4) $\angle e$ (5) $\angle b$ (6) $\angle c$

02 (1) $\angle e$ (2) $\angle d$ (3) $\angle c$ (4) $\angle f$ (5) $\angle e$ (6) $\angle d$

03 (1) 55, 125   (2) 55   (3) f, 125

04 (1) d, 85, 95 (2) e, 85 (3) c, 130, 50

05 (1) 65°   (2) 115°   (3) 110°   (4) 110°   (5) 70°

06 (1) 115°   (2) 85°   (3) 95°   (4) 95°   (5) 65°

ACT 12
040~041쪽

01 55°   **05** 40°, 40°, 140°   **09** ○   **13** $l /\!/ n$

02 113°   **06** $\angle x=60°$, $\angle y=120°$ **10** ×   **14** $m /\!/ n$

03 40°   **07** $\angle x=75°$, $\angle y=95°$ **11** ○   **15** $m /\!/ n$

04 130°   **08** $\angle x=95°$, $\angle y=55°$ **12** ×   **16** $l /\!/ n$, $p /\!/ q$

ACT+ 13
042~043쪽

01 70°, 60°, 50°   **05** 180°, 63°, 180°, 65°   **09** 55°, 40°, 95°   **13** 40°, 30°, 70°

02 95°   **06** 53°   **10** 82°   **14** 70°

03 110°   **07** 51°   **11** 35°   **15** 30°

04 40°   **08** 45°   **12** 32°   **16** 22°

ACT+ 14
044~045쪽

01 ❶ 25° ❷ 25°, 35° ❸ 35° ❹ 30°   65°

02 20°

03 75°

04 ❶ 23° ❷ 23°, 77° ❸ 77° ❹ 77°, 103° ❺ 35°   138°

05 29°

06 137°

07 ❶ 35° ❷ 35°   35°, 35°, 110°

08 120°

09 65°

10 31°

11 ❶ 50° ❷ 50°   50°, 50°, 80°

12 40°

13 52°

14 62°

TEST 01
046~047쪽

01 ③   **05** 60°   **08** $\angle x=38°$, $\angle y=142°$ **12** 40°

02 ④   **06** 21°   **09** $\angle x=74°$, $\angle y=115°$ **13** 75°

03 10 cm   **07** ②, ④   **10** $l /\!/ m$ **14** 55°

04 20 cm   **11** $p /\!/ q$ **15** 40°

ACT 15
050~051쪽

01 ○

02 ×

03 ×

04 ○

05 ❶ P ❷ $\overline{AB}$ ❸ P, $\overline{AB}$, Q

06

07 ❶ A, B ❷ C ❹ $\overline{AB}$, D ❺ P, D

08

09 ㉣, ㉡, ㉢, ㉠

10 $\overline{OB}$, $\overline{PC}$, $\overline{PD}$

11 CPD

ACT 16 052~053쪽	01 12 cm 02 6 cm 03 30° 04 60°	05 >, × 06 >, × 07 <, ○	08 × / =, 3 09 ○ 10 × 11 ○ 12 ○	13 ○ / 6, <, 4 14 × 15 ○ 16 × 17 ×
ACT 17 054~055쪽	01 ❶ a ❷ B, c ❸ C, b, A	02 ㉡, ㉠ 03 ㉢, ㉣	04 (1) ❶ a ❸ C ❹ A (2) ㉢, ㉠	05 ○ 07 ○ 06 × 08 ×
ACT 18 056~057쪽	01 GHI 02 DEF, HIG 03 ABC, IHG	04 (1) 점 D (2) ∠C (3) 변 EF 05 (1) 점 C (2) ∠F (3) 변 CD 06 (1) 7 cm (2) 70° (3) 50°	07 (1) 75° (2) 7 cm (3) 10 cm (4) 95° 08 (1) 6 (2) 55 (3) 75 09 (1) 8 (2) 5 (3) 70 (4) 55	
ACT 19 058~059쪽	01 $\overline{DE}$, $\overline{EF}$, $\overline{DF}$ / SSS 02 $\overline{DF}$, $\overline{BC}$, ∠F / SAS 03 $\overline{DE}$, ∠A, ∠E / ASA 04 SAS	05 SSS 06 ASA 07 △ONM, SAS 합동 08 △KJL, SSS 합동	09 △PRQ, ASA 합동 10 ㉠과 ㉣, ㉡과 ㉦, ㉢과 ㉤ 11 △ABC≡△LJK (ASA 합동)	
ACT+ 20 060~061쪽	01 ○ 02 ○ 03 × 04 ○	05 × 06 ○ 07 × 08 ○ 09 ○	10 $\overline{AC}$, △ADC, SSS 11 ∠COD, △OCD, SAS 12 ∠DCA, ∠CAD, $\overline{AC}$, △CDA, ASA 13 $\overline{BM}$, ∠PMB, △PBM, SAS	
TEST 02 062~063쪽	01 ④ 02 ④ 03 ①, ④ 04 ㉡ → ㉢ → ㉣ → ㉠ 　또는 ㉡ → ㉣ → ㉢ → ㉠	05 ㉡, ㉣ 06 ㉠, ㉢ 07 ①, ④ 08 △ABC≡△EDF (SAS 합동) 09 △ABC≡△DFE (SSS 합동)	10 ㉡과 ㉢, ㉣과 ㉥ 11 ○ 12 × 13 ○ 14 △ABD≡△CDB (SSS 합동)	

Chapter Ⅱ 평면도형

ACT 21 068~069쪽	01 (1) $\overline{AB}$, $\overline{BC}$, $\overline{CA}$ 　(2) 점 A, 점 B, 점 C 　(3) ∠A, ∠B, ∠C 　(4) ∠ACD 02 (1) $\overline{AB}$, $\overline{BC}$, $\overline{CD}$, $\overline{DA}$ 　(2) 점 A, 점 B, 점 C, 점 D 　(3) ∠A, ∠B, ∠C, ∠D 　(4) ∠DCE	03 120° 04 70° 05 85° 06 65° 07 70° 08 105° 09 110°, 75° 10 115°	11 정오각형 12 ○ 13 ○ 14 × 15 ○ 16 ×

ACT 22 070~071쪽		
01	(1) 4 (2) 3, 1 (3) (위에서부터) 4, 2 / 2	
02	(1) 6개 (2) 3개 (3) 9개	
03	(1) 7개 (2) 4개 (3) 14개	
04	(1) 10개 (2) 7개 (3) 35개	
05	(1) 12개 (2) 9개 (3) 54개	

ACT 22 070~071쪽

01 (1) 4 (2) 3, 1 (3) (위에서부터) 4, 2 / 2
02 (1) 6개 (2) 3개 (3) 9개
03 (1) 7개 (2) 4개 (3) 14개
04 (1) 10개 (2) 7개 (3) 35개
05 (1) 12개 (2) 9개 (3) 54개
06 (1) 3, 8, 팔각형 (2) (위에서부터) 8, 8, 2 / 20
07 (1) 십일각형 (2) 44개
08 (1) 십오각형 (2) 90개
09 (1) 십팔각형 (2) 135개
10 10, 2, 5, 5, 오각형
11 칠각형
12 팔각형
13 십삼각형

ACT 23 072~073쪽

01 45°, 180°, 65°
02 125°
03 28°
04 3, 102°, 34°
05 18°
06 45°
07 45°, 125°
08 90°
09 35°
10 120°, 3, 120°, 40°
11 55°
12 55°

ACT+ 24 074~075쪽

01 55°, 45°, 80°, 40° / 40°, 85°
02 95°
03 100°
04 100°, 40°, 80° / 80°, 140°
05 165°
06 120°
07 40°, 70° / 70°, 110
08 125°
09 80°
10 70°, 70°, 35° / 35°
11 34°
12 60°

ACT+ 25 076~077쪽

01 85°, 40° / 85°, 25°
02 ∠x=75°, ∠y=45°
03 ∠x=85°, ∠y=35°
04 70°, 100° / 100°, 125°
05 120°
06 23°
07 26°, 52°, 52° / 52°, 78°
08 105°
09 39°
10 b, d / c, e / c, d, 180°
11 30°

ACT 26 078~079쪽

01 (1) 2개 (2) 360°
02 (1) 4개 (2) 720°
03 (1) 8개 (2) 1440°
04 540°, 3, 5, 오각형
05 구각형
06 십이각형
07 이십각형
08 105°
09 120°
10 125°
11 70°
12 540°, 75° / 75°, 105°
13 60°
14 110°

ACT 27 080~081쪽

01 360°, 360°, 125°
02 100°
03 85°
04 48°
05 85°
06 80°
07 55°
08 65°
09 25°
10 55°
11 30°
12 130°
13 110°
14 95°
15 125°

ACT 28 082~083쪽

01 120°
02 120°
03 45°
04 140°
05 162°
06 90°, 90°, 4, 정사각형
07 정팔각형
08 정십각형
09 정십이각형
10 72°, 5, 정오각형
11 정육각형
12 정십팔각형
13 정이십각형
14 ❶ 정십각형 ❷ 144°
15 ❶ 정팔각형 ❷ 135°
16 ❶ 정십오각형 ❷ 90개
17 ❶ 정이각형 ❷ 30°

TEST 03 084~085쪽

01 ①
02 ㉡, ㉣
03 15
04 정구각형
05 90°
06 36°
07 85°
08 60°
09 29°
10 40°
11 ∠a=105°, ∠b=140°
12 ∠a=96°, ∠b=126°
13 ∠a=72°, ∠b=78°
14 10개
15 54°
16 140°
17 ㉡, ㉣
18 5개

ACT 29 088~089쪽	01 (그림)	02 (그림)	03 (그림)	
	04 ×	06 ○	08 5	11 60
	05 ×	07 ○	09 10	12 45
			10 20	13 72

ACT 30 090~091쪽				
01 6	04 25	07 3	10 110	13 ×
02 6	05 32	08 10	11 ○	14 ○
03 15	06 60	09 50	12 ○	15 ×

ACT+ 31 092~093쪽

01 2, 3, 4 / 2, 80°
02 150°
03 200°
04 COB, 30° / OAD, 30°, 120° / 120°, 16
05 12
06 21
07 BOC, 30° / OCD, 30°, 120° / 120°, 20
08 6
09 70
10 20°, 20°, 40° / OCD, 40°, 40°, 60° / 60°, 5
11 2 cm

ACT 32 096~097쪽

01 4, 8π / 4, 16π
02 12π cm, 36π cm^2
03 10π cm, 25π cm^2
04 14π cm, 49π cm^2
05 18π cm, 81π cm^2
06 6π cm, 9π cm^2
07 16π cm, 64π cm^2
08 4π, 2
09 5 cm
10 9 cm
11 14 cm
12 9π, 3
13 7 cm
14 8 cm
15 10 cm

ACT 33 098~099쪽

01 2, 30, $\frac{1}{3}\pi$ / 2, 30, $\frac{1}{3}\pi$
02 $\frac{3}{4}\pi$ cm, $\frac{9}{8}\pi$ cm^2
03 $\frac{5}{2}\pi$ cm, $\frac{25}{4}\pi$ cm^2
04 15π cm, 75π cm^2
05 $\frac{4}{3}\pi$ cm, $\frac{8}{3}\pi$ cm^2
06 $\frac{15}{2}\pi$ cm, $\frac{75}{2}\pi$ cm^2
07 $\frac{28}{3}\pi$ cm, $\frac{112}{3}\pi$ cm^2
08 5, π, 36
09 45
10 8, 24π, 135
11 120
12 30, π, 6
13 9
14 216, 15π, 25, 5
15 6

ACT 34 100~101쪽

01 2π, 5π
02 48π cm^2
03 $\frac{3}{2}\pi$ cm^2
04 6π cm^2
05 π, 2π, 4
06 14 cm
07 6 cm
08 5 cm
09 15, 75π, 10π
10 8π cm
11 4π cm
12 8π cm
13 ❶ π, 3π, 6 ❷ 6, 3π, 30
14 120
15 160

ACT+ 35 102~103쪽

01 ❶ 7, 14π ❷ 4, 8π ❸ 3, 6π 28π
02 16π cm
03 16π cm
04 ❶ 9, 120, 6π ❷ 3, 120, 2π ❸ 6, 12 $8\pi+12$
05 $\left(\frac{7}{2}\pi+4\right)$ cm
06 $(9\pi+8)$ cm
07 7, 4, 3, 49π, 25π, 24π
08 24π cm^2
09 16π cm^2
10 9, 120, 3, 120, 27π, 3π, 24π
11 $\frac{7}{2}\pi$ cm^2
12 18π cm^2

ACT+ 36 104~105쪽

01 ❶ 10, 5π ❷ 10, 20 $5\pi+20$
02 $(6\pi+24)$ cm
03 $(4\pi+8)$ cm
04 ❶ 4, 2π ❷ 2, 2π ❸ 4 $4\pi+4$
05 $(6\pi+6)$ cm
06 $(8\pi+24)$ cm
07 ❶ 10, 10π ❷ 10, 40 $10\pi+40$
08 6π cm
09 $(4\pi+16)$ cm
10 4, 8π
11 24π cm
12 8π cm

ACT+ 37 106~107쪽	**01** 10, 10, $100-25\pi$ **02** $(144-36\pi)\,\text{cm}^2$ **03** $(4\pi-8)\,\text{cm}^2$	**04** 4, 2, 4π, 2π, 2π **05** $\dfrac{9}{2}\pi\,\text{cm}^2$ **06** $(64-8\pi)\,\text{cm}^2$	**07** 6, 6, $9\pi-18$, $18\pi-36$ **08** $(200-50\pi)\,\text{cm}^2$ **09** $(64-16\pi)\,\text{cm}^2$	**10** 4, 4, $16-4\pi$, $64-16\pi$ **11** $(72\pi-144)\,\text{cm}^2$ **12** $(8\pi-16)\,\text{cm}^2$

ACT+ 38 108~109쪽	**01** 8, 2, 32π **02** $72\,\text{cm}^2$ **03** $2\pi\,\text{cm}^2$	**04** 10, 4, $25\pi-50$ **05** $8\,\text{cm}^2$ **06** $\dfrac{25}{2}\,\text{cm}^2$	**07** 4, 2, 8π **08** 18 cm **09** $18\pi\,\text{cm}^2$	**10** ❶ 2, 2, 2π ❷ $\dfrac{3}{2}$, 2, $\dfrac{9}{8}\pi$ ❸ 4, 6 ❹ $\dfrac{5}{2}$, 2, $\dfrac{25}{8}\pi$ / 6 **11** $\dfrac{50}{3}\pi\,\text{cm}^2$

TEST 04 110~111쪽	**01** ④ **02** 40 **03** (1) = (2) = (3) = (4) ≠ **04** ∠AOB=72°, ∠BOC=108°	**05** 5 **06** 16 **07** 4 cm **08** $l=\pi$ cm, $S=2\pi\,\text{cm}^2$ **09** $15\pi\,\text{cm}^2$	**10** $\dfrac{10}{3}$ cm **11** 20° **12** 18π cm **13** $(2\pi+8)$ cm **14** 24π cm	**15** $12\pi\,\text{cm}^2$ **16** $8\pi\,\text{cm}^2$ **17** $50\pi\,\text{cm}^2$ **18** $\dfrac{9}{2}\pi\,\text{cm}^2$

Chapter Ⅲ 입체도형

ACT 39 116~117쪽	**01** (1) 10개 (2) 15개 (3) 7개 (4) 칠면체 **02** (1) 7개 (2) 12개 (3) 7개 (4) 칠면체 **03** ㉢, ㉣, ㉥ **04** ㉢, ㉣ **05** ㉥	**06** (1) 삼각뿔대 (2) 사다리꼴 (3) 삼각형 (4) 2개 (5) 5개 **07** (1) 오각뿔대 (2) 사다리꼴 (3) 오각형 (4) 2개 (5) 7개 **08** (왼쪽 위부터) 14개, 12개, 6개, 12개, 10개 / 21개, 10개, 16개, 18개, 15개 / 9개, 8개, 6개, 9개, 7개 / 육각형, 오각형, 팔각형, 육각형, 오각형 / 직사각형, 직사각형, 삼각형, 삼각형, 사다리꼴 / 2개, 2개, 1개, 2개, 2개

ACT 40 118~119쪽	**01** (왼쪽 위부터) 4개, 6개, 정삼각형, 3개 / 6개, 8개, 정사각형, 3개 / 8개, 12개, 정삼각형, 4개 / 30개, 20개, 정오각형, 3개 / 30개, 12개, 정삼각형, 5개 **02** × **04** × **03** ○ **05** ○	**06** ㉠, ㉢, ㉤ **07** ㉡ **08** ㉣ **09** ㉠, ㉡, ㉣ **10** ㉢ **11** ㉥	**12** 정사면체 **13** 정이십면체 **14** 정육면체 **15** 정십이면체

ACT 41 120~121쪽	**01~05** (선 연결) **06** × **07** ○ **08** × **09** ○	**10** A(E) C●—●B(D) F (1) 정사면체 (2) 점 E (3) 모서리 EF (4) 모서리 CF	**11** A(K) N(L) B(J) F M E(G) C(I) D(H) (1) 정육면체 (2) 점 K (3) 모서리 IH (4) 면 KFEL	**12** J(H) A(G) I D B(F) C(E) (1) 정팔면체 (2) 점 E (3) 모서리 GF (4) 모서리 JE (5) 모서리 DJ, 모서리 GI, 모서리 AD, 모서리 IJ(모서리 IH)

ACT 42
122~123쪽

01	○
02	×
03	○
04	×
05	×
06	○

07
08
09
10
11

12	㉢
13	㉠
14	㉣
15	㉤
16	㉡
17	㉧

ACT 43
124~125쪽

01
02
03
04
05
06

07	×	12	30 cm²
08	○	13	18 cm²
09	×	14	64 cm²
10	×	15	49π cm²
11	○		

ACT 44
126~127쪽

01
02

03

04 $a=10$, $b=6$
05 $a=10$, $b=9$
06 $a=3$, $b=5$

07 (위부터) 4, 7
(1) 둘레, 4, 8π
(2) 높이, 7

08
(1) 12π cm (2) 3 cm

09 (위부터) 15, 5
(1) 모선, 15
(2) 둘레, 5, 10π

10
(1) 17 cm (2) 16π cm

TEST 05
128~129쪽

01	㉡, ㉢, ㉣	05	④	09	②	13	③
02	㉠, ㉤, ㉧	06	②	10	①, ⑤	14	⑤
03	④	07	오각뿔대	11	②, ④	15	40 cm²
04	②	08	정이십면체	12	②		

ACT 45
132~133쪽

01	❶ 4, 6	03	168 cm²	06	❶ 12, 30	09	360 cm³
	❷ 5, 8, 96	04	108 cm²		❷ 15	10	336 cm³
	❸ 6, 96, 108	05	224 cm²		❸ 30, 15, 450	11	5 cm
02	142 cm²			07	480 cm³	12	4 cm
				08	147 cm³		

ACT 46
134~135쪽

01	❶ 2, 4π	03	42π cm²	06	❶ 7, 49π	09	36π cm³
	❷ 2, 20π	04	80π cm²		❷ 10	10	100π cm³
	❸ 4π, 20π, 28π	05	128π cm²		❸ 49π, 10, 490π	11	4 cm
02	60π cm²			07	432π cm³	12	7 cm
				08	320π cm³	13	5 cm

ACT 47
136~137쪽

01	❶ 8, 64	03	64 cm²	06	❶ 3, 9	09	16 cm³
	❷ 5, 80	04	156 cm²		❷ 6	10	288 cm³
	❸ 64, 80, 144	05	532 cm²		❸ 9, 6, 18	11	10 cm
02	85 cm²			07	400 cm³	12	8 cm
				08	84 cm³	13	6 cm

ACT 48 138~139쪽	01	❶ 4, 16π ❷ 4, 20π ❸ 16π, 20π, 36π	03	33π cm²	06	❶ 5, 25π ❷ 12 ❸ 25π, 12, 100π	09	24π cm³

ACT 48 138~139쪽

01 ❶ 4, 16π ❷ 4, 20π ❸ 16π, 20π, 36π
02 96π cm²
03 33π cm²
04 40π cm²
05 85π cm²
06 ❶ 5, 25π ❷ 12 ❸ 25π, 12, 100π
07 432π cm³
08 8π cm³
09 24π cm³
10 4 cm
11 5 cm
12 225°

ACT+ 49 140~141쪽

01 ❶ 8, 8, 73 ❷ 8, 5, 110 ❸ 73, 110, 183
02 340 cm²
03 573 cm²
04 ❶ 8, 8, 8, $\frac{512}{3}$ ❷ 3, 3, 9 ❸ $\frac{512}{3}$, 9, $\frac{485}{3}$
05 171 cm³
06 56 cm³
07 ❶ 6, 45π ❷ 10, 3, 45π ❸ 45π, 45π, 90π
08 158π cm²
09 320π cm²
10 ❶ 6, 96π ❷ 3, 4, 12π ❸ 96π, 12π, 84π
11 224π cm³
12 104π cm³

ACT 50 142~143쪽

01 3, 36π
02 100π cm²
03 324π cm²
04 ❶ 10, 100π ❷ 10, 200π ❸ 300π
05 100π cm²
06 72π cm²
07 9, 972π
08 288π cm³
09 6, 144π
10 64π cm³
11 2 cm
12 3 cm
13 (1) 18π cm³ (2) 36π cm³ (3) 54π cm³ (4) 1 : 2 : 3
14 1 : 2 : 3

ACT+ 51 144~145쪽

01 ❶ 5, 2, 21π ❷ 10π, 6, 84π ❸ 126π
02 330π cm²
03 320 cm²
04 ❶ 4, 8π ❷ 4π, 8, 40π+80 ❸ 56π+80
05 (8π+24) cm²
06 (105π+90) cm²
07 ❶ 3, 18π ❷ 5, 15π ❸ 33π
08 138π cm²
09 96π cm²
10 65π cm²
11 243π cm²
12 82π cm²

ACT+ 52 146~147쪽

01 ❶ 5, 150π ❷ 2, 24π ❸ 126π
02 280π cm³
03 400π cm³
04 4, 10, 80π
05 54π cm³
06 168π cm³
07 ❶ 4, $\frac{128}{3}$π ❷ 4, 160π ❸ $\frac{608}{3}$π
08 $\frac{550}{3}$π cm³
09 528π cm³
10 450π cm³
11 496π cm³
12 168π cm³

ACT+ 53 148~149쪽

01 ❶ 6, 6, 18 ❷ 6 ❸ 18, 6, 36
02 $\frac{500}{3}$ cm³
03 16 cm³
04 24 cm³
05 100 cm³
06 300 cm³
07 9
08 $\frac{27}{8}$
09 10
10 20
11 3
12 $\frac{3}{2}$
13 $\frac{10}{3}$
14 $\frac{8}{3}$

TEST 06 150~151쪽

01 180 cm²
02 80π cm²
03 7 cm
04 ⑤
05 64π cm²
06 ②
07 ③
08 143 cm²
09 20π cm²
10 144π cm²
11 66π cm²
12 8 cm³
13 $\frac{1225}{3}$π cm³
14 $\frac{200}{3}$π cm³
15 24π cm³

Chapter I 기본 도형과 작도

ACT 01 014~015쪽

13 점이 움직인 자리는 선이 되고, 선이 움직인 자리는 면이 된다.

15 선과 면이 만나는 경우에도 교점이 생긴다.

16 한 평면 위에 있는 도형은 평면도형이다.

ACT 02 016~017쪽

13 직선 : $\overleftrightarrow{AB}$ ($\overleftrightarrow{BA}$)의 1개
반직선 : $\overrightarrow{AB}$, $\overrightarrow{BA}$의 2개
선분 : $\overline{AB}$ ($\overline{BA}$)의 1개

14 직선 : $\overleftrightarrow{AB}$ ($\overleftrightarrow{BA}$), $\overleftrightarrow{AC}$ ($\overleftrightarrow{CA}$), $\overleftrightarrow{BC}$ ($\overleftrightarrow{CB}$)의 3개
반직선 : $\overrightarrow{AB}$, $\overrightarrow{BA}$, $\overrightarrow{AC}$, $\overrightarrow{CA}$, $\overrightarrow{BC}$, $\overrightarrow{CB}$의 6개
선분 : $\overline{AB}$ ($\overline{BA}$), $\overline{AC}$ ($\overline{CA}$), $\overline{BC}$ ($\overline{CB}$)의 3개

ACT 04 020~021쪽

01 ∠AOB는 ∠BOA와 같은 각을 나타낸다.

03 예각은 0°보다 크고 90°보다 작은 각이다.

04 평각은 직각의 크기의 2배인 각을 말한다.

11 $50° + ∠x + 20° = 180°$
$∠x + 70° = 180°$ ∴ $∠x = 110°$

12 $45° + (2∠x + 15°) = 180°$
$2∠x = 120°$ ∴ $∠x = 60°$

13 $90° + ∠x + 40° = 180°$
$∠x + 130° = 180°$ ∴ $∠x = 50°$

14 $65° + 90° + ∠x = 180°$
$∠x + 155° = 180°$ ∴ $∠x = 25°$

15 $∠x + 90° + 2∠x = 180°$
$3∠x = 90°$ ∴ $∠x = 30°$

16 $3∠x + 4∠x + 2∠x = 180°$
$9∠x = 180°$ ∴ $∠x = 20°$

18 $∠x = 180° × \dfrac{2}{2+3+5} = 36°$
$∠y = 180° × \dfrac{3}{2+3+5} = 54°$
$∠z = 180° × \dfrac{5}{2+3+5} = 90°$

ACT 05 022~023쪽

03

04

07 $2∠x = 42°$ ∴ $∠x = 21°$

08 $4∠x - 18° = 2∠x + 30°$
$2∠x = 48°$ ∴ $∠x = 24°$

10

$∠x + 80° + 79° = 180°$
$∠x + 159° = 180°$ ∴ $∠x = 21°$

11

$90° + 32° + ∠x = 180°$
$∠x + 122° = 180°$ ∴ $∠x = 58°$

12

$\angle x + 99° + 2\angle x = 180°$

$3\angle x = 81°$ $\therefore \angle x = 27°$

13

$4\angle x + 5\angle x + 6\angle x = 180°$

$15\angle x = 180°$ $\therefore \angle x = 12°$

14

$\angle x + 60° + (2\angle x + 45°) = 180°$

$3\angle x + 105° = 180°$, $3\angle x = 75°$ $\therefore \angle x = 25°$

15

$\angle x + 83° + (5\angle x - 11°) = 180°$

$6\angle x + 72° = 180°$, $6\angle x = 108°$ $\therefore \angle x = 18°$

16

$\angle x + 60° = 180°$ $\therefore \angle x = 120°$

$\angle y + 50° = 120°$ $\therefore \angle y = 70°$

17

$\angle y + 80° + 20° = 180°$ $\therefore \angle y = 80°$

$2\angle x + 90° = \angle y + 80°$

$2\angle x + 90° = 160°$, $2\angle x = 70°$

$\therefore \angle x = 35°$

다른 풀이 $\angle x$의 크기는 평각을 이용해서 구할 수도 있다.

$2\angle x + 90° + 20° = 180°$

$2\angle x = 70°$ $\therefore \angle x = 35°$

14

➡ $l \perp m$, $l /\!/ n$이면

m과 n은 수직이거나 꼬인 위치에 있다.

15

➡ $l \perp m$, $l \perp n$이면

m과 n은 수직이거나 평행하거나 꼬인 위치에 있다.

16

➡ $l /\!/ m$, $l \perp n$이면

m과 n은 수직이거나 꼬인 위치에 있다.

18

➡ $P /\!/ Q$, $l \perp P$이면 $l \perp Q$이다.

19

➡ $l \perp P$, $m \perp P$이면 $l /\!/ m$이다.

20

➡ $l \perp m$, $l /\!/ P$이면

m과 P는 한 점에서 만나거나 평행하다.

21

➡ $l /\!/ m$, $l /\!/ P$이면

m은 P에 포함되거나 m과 P는 평행하다.

05 (2) ∠b의 동위각
   ➡ ∠e=180°−65°=115°
(3) ∠e의 동위각
   ➡ ∠b=110° (맞꼭지각)
(4) ∠d의 엇각
   ➡ ∠b=110° (맞꼭지각)
(5) ∠f의 엇각
   ➡ ∠a=180°−110°=70°

06 (1) ∠c의 동위각
   ➡ ∠e=115° (맞꼭지각)
(2) ∠e의 동위각
   ➡ ∠c=180°−95°=85°
(3) ∠f의 동위각
   ➡ ∠b=95° (맞꼭지각)
(4) ∠d의 엇각
   ➡ ∠b=95° (맞꼭지각)
(5) ∠b의 엇각
   ➡ ∠d=180°−115°=65°

06 ∠y=120° (엇각)
   ∴ ∠x=180°−120°=60°

08

∠x=180°−85°=95°
∠y=180°−125°=55°
다른 풀이 ∠x+85°=180°이므로
   ∠x=180°−85°=95°

09 두 직선 l, m의 동위각의 크기가 같으므로 $l /\!/ m$

10 두 직선 l, m의 엇각의 크기가 다르므로 평행하지 않다.

11

➡ 두 직선 l, m의 동위각의 크기가 같으므로 $l /\!/ m$

12

➡ 두 직선 l, m의 엇각의 크기가 다르므로 평행하지 않다.

13
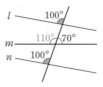
➡ 두 직선 l, n의 동위각의 크기가 같으므로 $l /\!/ n$

14
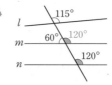
➡ 두 직선 m, n의 동위각의 크기가 같으므로 $m /\!/ n$

15

➡ 두 직선 m, n의 동위각의 크기가 같으므로 $m /\!/ n$

16

➡ 두 직선 l, n의 엇각의 크기가 같으므로 $l /\!/ n$
   두 직선 p, q의 동위각의 크기가 같으므로 $p /\!/ q$

02
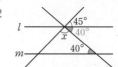
∠x+40°+45°=180°이므로
∠x=180°−(40°+45°)=95°

03

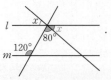

$\angle x = 50° + 60° = 110°$

04

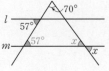

$\angle x + 80° = 120°$ (엇각)이므로
$\angle x = 120° - 80° = 40°$

06

$70° + 57° + \angle x = 180°$이므로
$\angle x = 180° - (70° + 57°) = 53°$

07

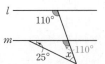

$32° + 97° + \angle x = 180°$이므로
$\angle x = 180° - (32° + 97°) = 51°$

08

$25° + \angle x + 110° = 180°$이므로
$\angle x = 180° - (25° + 110°) = 45°$

10

$\angle x = 32° + 50° = 82°$

11

$\angle x + 45° = 80°$이므로
$\angle x = 80° - 45° = 35°$

12

$52° + \angle x = 84°$이므로
$\angle x = 84° - 52° = 32°$

14

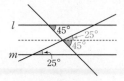

$\angle x = 25° + 45° = 70°$

15

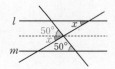

$50° + \angle x = 80°$이므로
$\angle x = 80° - 50° = 30°$

16

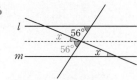

$\angle x + 56° = 78°$이므로
$\angle x = 78° - 56° = 22°$

ACT+ 14   044~045쪽

02

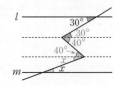

$40° + \angle x = 60°$이므로
$\angle x = 60° - 40° = 20°$

03

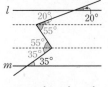

$\angle x = 20° + 55° = 75°$

05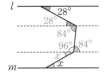

96°+∠x=125°이므로
∠x=125°-96°=29°

06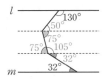

∠x=105°+32°=137°

08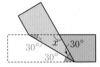

∠x+30°+30°=180°이므로
∠x=180°-(30°+30°)=120°

09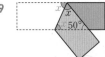

∠x+∠x+50°=180°이므로
2∠x=130°
∴ ∠x=65°

10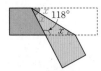

∠x+118°+∠x=180°이므로
2∠x=62°
∴ ∠x=31°

12

100°+∠x+∠x=180°이므로
2∠x=80°
∴ ∠x=40°

13

64°+64°+∠x=180°이므로
∠x=180°-(64°+64°)=52°

14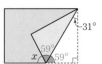

∠x+59°+59°=180°이므로
∠x=180°-(59°+59°)=62°

TEST 01   046~047쪽

01 ③ 직육면체에서 교선의 개수는 모서리의 개수와 같다.

03 $\overline{AM}=2\overline{NM}=2\times5=10$ (cm)

04 $\overline{AB}=2\overline{AM}=2\times10=20$ (cm)

05 ∠x+30°+90°=180°
∠x+120°=180°   ∴ ∠x=60°

06

∠x+(2∠x+15°)+(5∠x-3°)=180°이므로
8∠x+12°=180°
8∠x=168°   ∴ ∠x=21°

07 ① 모서리 AE와 모서리 IJ는 꼬인 위치에 있다.
③ 모서리 AF는 면 ABCDE에 수직이다.
⑤ 면 CHID와 면 DIJE는 한 직선에서 만난다.
따라서 옳은 것은 ②, ④이다.

08 ∠x=38° (동위각)
∠y=180°-38°=142°

09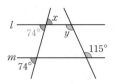

∠x=74°, ∠y=115° (엇각)

10 두 직선 l, m의 동위각의 크기가 같으므로 l∥m

11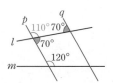

➡ 두 직선 p, q의 엇각의 크기가 같으므로 p∥q

12

$75°+∠x=115°$ (엇각)이므로
$∠x=115°-75°=40°$

13

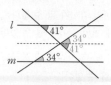

$∠x=34°+41°=75°$

14

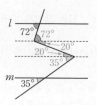

$∠x=20°+35°=55°$

15

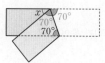

$∠x+70°+70°=180°$이므로
$∠x=180°-(70°+70°)=40°$

---

09 $6<3+5$ (○)

10 $11>4+6$ (×)

11 $7<3+6$ (○)

12 $8<4+5$ (○)

14 $6>2+3$ (×)

15 $7<3+6$ (○)

16 $9=3+6$ (×)

17 $10>3+6$ (×)

---

06 두 변의 길이가 주어진 경우에는 그 끼인각의 크기가 주어져야 삼각형이 하나로 결정된다.

08 세 각의 크기가 주어지면 모양은 같고 크기가 다른 삼각형이 무수히 많이 그려진다.

---

06 (1) $\overline{DF}=\overline{AC}=7$ cm
(2) $∠A=∠D=70°$
(3) $∠B=∠E=50°$

07 (1) $∠F=∠B=75°$
(2) $\overline{AD}=\overline{EH}=7$ cm
(3) $\overline{FG}=\overline{BC}=10$ cm
(4) $∠H=∠D=95°$

08 (1) $\overline{BC}=\overline{FD}=6$ cm
(2) $∠B=∠F=55°$
(3) $∠BCA=∠FDE=180°-(50°+55°)=75°$

09 (1) $\overline{BC}=\overline{FG}=8$ cm
(2) $\overline{DC}=\overline{HG}=5$ cm
(3) $∠C=∠G=70°$
(4) $∠EHG=∠ADC=145°$이므로
$∠FEH=360°-(90°+70°+145°)=55°$

---

02 선분의 길이를 잴 때 컴퍼스를 사용한다.

03 두 점을 지나는 직선을 그릴 때 눈금 없는 자를 사용한다.

06

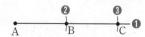

❶ 눈금 없는 자를 사용하여 점 B의 방향으로 $\overline{AB}$의 연장선을 긋는다.
❷ 컴퍼스를 사용하여 $\overline{AB}$의 길이를 잰다.
❸ 점 B를 중심으로 하고 반지름의 길이가 $\overline{AB}$인 원을 그려 $\overline{AB}$의 연장선과의 교점을 C라고 한다.

10   ㉠에서 나머지 한 각의 크기는
     $180° - (30° + 110°) = 40°$
     따라서 ㉠과 ㉣은 대응하는 한 변의 길이가 같고, 그 양 끝 각
     의 크기가 각각 같으므로 합동이다.
     ㉡과 ㉃은 대응하는 두 변의 길이가 각각 같고, 그 끼인각의
     크기가 같으므로 합동이다.
     ㉢과 ㉅은 대응하는 세 변의 길이가 각각 같으므로 합동이다.

11

     ∴ △ABC≡△LJK (ASA 합동)

01   대응하는 세 변의 길이가 각각 같으므로 SSS 합동이다.

02   대응하는 두 변의 길이가 각각 같고, 그 끼인각의 크기가 같으
     므로 SAS 합동이다.

03   대응하는 두 변의 길이가 각각 같지만 그 끼인각이 아닌 다른
     한 각의 크기가 같으므로 합동이라고 할 수 없다.

04   대응하는 한 변의 길이가 같고, 그 양 끝 각의 크기가 각각 같
     으므로 ASA 합동이다.

05   세 각의 크기가 각각 같은 삼각형은 모양이 같지만 크기가 다
     를 수 있다.

06   대응하는 한 변의 길이가 같고, 그 양 끝 각의 크기가 각각 같
     으므로 ASA 합동이다.

07   대응하는 두 변의 길이가 각각 같지만 그 끼인각이 아닌 다른
     한 각의 크기가 같으므로 합동이라고 할 수 없다.

08   대응하는 두 변의 길이가 각각 같고, 그 끼인각의 크기가 같으
     므로 SAS 합동이다.

09   ∠A=∠D, ∠C=∠F이므로
     $∠B = 180° - (∠A + ∠C)$
     $∠E = 180° - (∠D + ∠F) = 180° - (∠A + ∠C)$
     ∴ ∠B=∠E
     따라서 대응하는 한 변의 길이가 같고, 그 양 끝 각의 크기가
     각각 같으므로 ASA 합동이다.

01   ④ 선분의 길이를 다른 직선에 옮길 때에는 컴퍼스를 사용한다.

03   ① 2<1+2이므로 삼각형의 세 변의 길이가 될 수 있다.
     ② 14>5+7이므로 삼각형의 세 변의 길이가 될 수 없다.
     ③ 9=3+6이므로 삼각형의 세 변의 길이가 될 수 없다.
     ④ 15<6+10이므로 삼각형의 세 변의 길이가 될 수 있다.
     ⑤ 9=2+7이므로 삼각형의 세 변의 길이가 될 수 없다.

05   ㉠ 14=8+6이므로 삼각형을 그릴 수 없다.
     ㉡ 두 변의 길이와 그 끼인각의 크기가 주어졌으므로 △ABC
        가 하나로 결정된다.
     ㉢ $\overline{AB}$, $\overline{BC}$의 길이와 그 끼인각인 ∠B의 크기가 주어져야
        한다.
     ㉣ 120°+60°=180°로 양 끝 각의 크기의 합이 180°가 되므로
        삼각형을 그릴 수 없다.
     ㉤ $∠C = 180° - (∠A + ∠B) = 180° - (45° + 45°) = 90°$
        즉, 한 변의 길이와 그 양 끝 각의 크기가 주어졌으므로
        △ABC가 하나로 결정된다.

06   ㉠ 세 변의 길이가 주어질 때
     ㉢ 두 변의 길이와 그 끼인각의 크기가 주어질 때

07   ② $\overline{FG}$의 대응변은 $\overline{BC}$이다.
     ③ $\overline{EF} = \overline{AB} = 5\,cm$
     ⑤ ∠A=∠E=105°

08   △ABC와 △EDF에서
     $\overline{AC} = \overline{EF}$, $\overline{BC} = \overline{DF}$, ∠C=∠F
     ∴ △ABC≡△EDF (SAS 합동)

09   △ABC와 △DFE에서
     $\overline{AB} = \overline{DF}$, $\overline{AC} = \overline{DE}$, $\overline{BC} = \overline{FE}$
     ∴ △ABC≡△DFE (SSS 합동)

10   ㉡과 ㉢은 대응하는 한 변의 길이가 같고, 그 양 끝 각의 크기
     가 각각 같으므로 합동이다.
     ㉣과 ㉅은 대응하는 두 변의 길이가 각각 같고, 그 끼인각의
     크기가 같으므로 합동이다.

11   대응하는 세 변의 길이가 각각 같으므로 합동이다.

12   대응하는 두 변의 길이가 각각 같지만 그 끼인각이 아닌 다른
     한 각의 크기가 같으므로 합동이라고 할 수 없다.

13   대응하는 한 변의 길이가 같고, 그 양 끝 각의 크기가 각각 같
     으므로 합동이다.

14   △ABD와 △CDB에서
     $\overline{BD}$는 공통
     $\overline{AB} = \overline{CD}$, $\overline{AD} = \overline{CB}$
     ∴ △ABD≡△CDB (SSS 합동)

Chapter Ⅱ 평면도형

08 (∠B의 외각의 크기)=$180°-75°=105°$

09 (∠C의 내각의 크기)=$180°-70°=110°$
(∠D의 외각의 크기)=$180°-105°=75°$

10 (∠E의 내각의 크기)=$180°-65°=115°$

14 길이가 모두 같은 5개의 변으로 둘러싸인 다각형을 정오각형이라고 한다.

16 정다각형은 내각의 크기가 서로 같고, 외각의 크기가 서로 같다.

02 (2) $6-3=3$(개)
(3) $\dfrac{6(6-3)}{2}=9$(개)

03 (2) $7-3=4$(개)
(3) $\dfrac{7(7-3)}{2}=14$(개)

04 (2) $10-3=7$(개)
(3) $\dfrac{10(10-3)}{2}=35$(개)

05 (2) $12-3=9$(개)
(3) $\dfrac{12(12-3)}{2}=54$(개)

07 (1) 구하는 다각형을 n각형이라고 하면
$n-3=8$ ∴ $n=11$
(2) $\dfrac{11(11-3)}{2}=44$(개)

08 (1) 구하는 다각형을 n각형이라고 하면
$n-3=12$ ∴ $n=15$
(2) $\dfrac{15(15-3)}{2}=90$(개)

09 (1) 구하는 다각형을 n각형이라고 하면
$n-3=15$ ∴ $n=18$
(2) $\dfrac{18(18-3)}{2}=135$(개)

11 구하는 다각형을 n각형이라고 하면
$\dfrac{n(n-3)}{2}=14$에서 $n(n-3)=28$
이때 차가 3이고 곱이 28인 두 자연수는 4, 7이므로 $n=7$
따라서 구하는 다각형은 칠각형이다.

12 구하는 다각형을 n각형이라고 하면
$\dfrac{n(n-3)}{2}=20$에서 $n(n-3)=40$
이때 차가 3이고 곱이 40인 두 자연수는 5, 8이므로 $n=8$
따라서 구하는 다각형은 팔각형이다.

13 구하는 다각형을 n각형이라고 하면
$\dfrac{n(n-3)}{2}=65$에서 $n(n-3)=130$
이때 차가 3이고 곱이 130인 두 자연수는 10, 13이므로
$n=13$
따라서 구하는 다각형은 십삼각형이다.

02 $30°+∠x+25°=180°$
∴ $∠x=180°-(30°+25°)=125°$

03 $90°+62°+∠x=180°$
∴ $∠x=180°-(90°+62°)=28°$

05 $4∠x+∠x+90°=180°$
$5∠x=90°$ ∴ $∠x=18°$

06 $45°+(2∠x-15°)+(∠x+15°)=180°$
$3∠x=135°$ ∴ $∠x=45°$

08 $∠x=40°+50°=90°$

09 $∠x+75°=110°$ ∴ $∠x=110°-75°=35°$

11
$∠x+80°=135°$ ∴ $∠x=135°-80°=55°$

12
$∠x+65°=120°$ ∴ $∠x=120°-65°=55°$

02 △ABC에서 ∠ABC=180°−(50°+60°)=70°이므로

∠DBC=$\frac{1}{2}$∠ABC=$\frac{1}{2}$×70°=35°

△BCD에서 ∠x=35°+60°=95°

03 △ABC에서 ∠ACB=180°−(70°+50°)=60°이므로

∠ACD=$\frac{1}{2}$∠ACB=$\frac{1}{2}$×60°=30°

△ADC에서 ∠x=70°+30°=100°

05 △ABD에서 45°+∠ABD=105°

∴ ∠ABD=105°−45°=60°

∠ABC=2∠ABD=2×60°=120°이므로

△ABC에서 ∠x=45°+120°=165°

06 △ABD에서 ∠BAD+35°=85°

∴ ∠BAD=85°−35°=50°

∠CAD=$\frac{1}{2}$∠BAD=$\frac{1}{2}$×50°=25°이므로

△ACD에서 ∠x=180°−(25°+35°)=120°

08 △ABC에서

2×✕+2•+70°=180°

2×✕+2•=110°   ∴ ✕+•=55°

△DBC에서 ∠x=180°−55°=125°

09 △DBC에서

•+✕+130°=180°   ∴ •+✕=180°−130°=50°

△ABC에서

∠x+2•+2✕=180°

∠x+2×50°=180°

∴ ∠x=180°−100°=80°

11 △DBC에서

68°+2•=2▲

2▲−2•=68°   ∴ ▲−•=34°

△ABC에서

∠x+•=▲

∴ ∠x=▲−•=34°

[다른 풀이] ∠x=$\frac{1}{2}$∠D=$\frac{1}{2}$×68°=34°

12 △DBC에서

30°+▲=•　　∴ •−▲=30°

△ABC에서

∠x+2▲=2•

∴ ∠x=2•−2▲=2×30°=60°

[다른 풀이] $\frac{1}{2}$∠x=30°이므로 ∠x=60°

02 △ABO에서 ∠x+35°=110°

∴ ∠x=110°−35°=75°

△CDO에서 65°+∠y=110°

∴ ∠y=110°−65°=45°

03 △ADO에서 ∠x=30°+55°=85°

△BCO에서 50°+∠y=85°

∴ ∠y=85°−50°=35°

05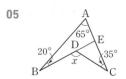

$\overline{\text{BD}}$의 연장선과 $\overline{\text{AC}}$가 만나는 점을 E라고 하면

△ABE에서 ∠BEC=20°+65°=85°

△DEC에서 ∠x=85°+35°=120°

[다른 풀이] ∠x=20°+65°+35°=120°

06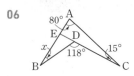

$\overline{\text{CD}}$의 연장선과 $\overline{\text{AB}}$가 만나는 점을 E라고 하면

△AEC에서 ∠CEB=80°+15°=95°

△EBD에서 95°+∠x=118°

∴ ∠x=118°−95°=23°

[다른 풀이] ∠x+80°+15°=118°   ∴ ∠x=23°

08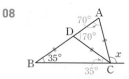

△DBC에서 ∠DCB=∠DBC=35°

∴ ∠ADC=35°+35°=70°

∠DAC=∠ADC=70°

△ABC에서 ∠x=70°+35°=105°

09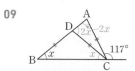

△DBC에서 ∠DCB=∠DBC=∠x

∴ ∠ADC=∠x+∠x=2∠x

∠DAC=∠ADC=2∠x

△ABC에서 2∠x+∠x=117°

3∠x=117°   ∴ ∠x=39°

11

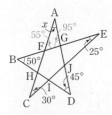

$\triangle$FCE에서 $\angle$AFE$=30°+25°=55°$

$\triangle$GBD에서 $\angle$AGB$=50°+45°=95°$

$\triangle$AFG에서 $\angle x=180°-(55°+95°)=30°$

[다른 풀이] $\angle x+50°+30°+45°+25°=180°$이므로

$\angle x+150°=180°$ $\therefore$ $\angle x=30°$

ACT 26   078~079쪽

01 (1) $4-2=2$(개)

(2) $180°\times(4-2)=360°$

02 (1) $6-2=4$(개)

(2) $180°\times(6-2)=720°$

03 (1) $10-2=8$(개)

(2) $180°\times(10-2)=1440°$

05 구하는 다각형을 n각형이라고 하면

$180°\times(n-2)=1260°$

$n-2=7$ $\therefore$ $n=9$

06 구하는 다각형을 n각형이라고 하면

$180°\times(n-2)=1800°$

$n-2=10$ $\therefore$ $n=12$

07 구하는 다각형을 n각형이라고 하면

$180°\times(n-2)=3240°$

$n-2=18$ $\therefore$ $n=20$

08 사각형의 내각의 크기의 합은 $180°\times(4-2)=360°$

$80°+\angle x+70°+105°=360°$

$\angle x+255°=360°$ $\therefore$ $\angle x=105°$

09 오각형의 내각의 크기의 합은 $180°\times(5-2)=540°$

$125°+\angle x+105°+100°+90°=540°$

$\angle x+420°=540°$ $\therefore$ $\angle x=120°$

10 육각형의 내각의 크기의 합은 $180°\times(6-2)=720°$

$\angle x+90°+110°+140°+130°+125°=720°$

$\angle x+595°=720°$ $\therefore$ $\angle x=125°$

11 오각형의 내각의 크기의 합은 $180°\times(5-2)=540°$

$120°+2\angle x+\angle x+\angle x+2\angle x=540°$

$6\angle x=420°$ $\therefore$ $\angle x=70°$

13

오각형의 내각의 크기의 합은 $180°\times(5-2)=540°$이므로

오각형 ABCDE에서

$105°+90°+(75°+\angle a)+(\angle b+70°)+80°=540°$

$\angle a+\angle b+420°=540°$ $\therefore$ $\angle a+\angle b=120°$

$\triangle$FCD에서 $\angle x+\angle a+\angle b=180°$이므로

$\angle x+120°=180°$ $\therefore$ $\angle x=180°-120°=60°$

14

육각형의 내각의 크기의 합은 $180°\times(6-2)=720°$이므로

육각형 ABCDEF에서

$130°+140°+110°+(95°+\angle a)+(\angle b+55°)+120°=720°$

$\angle a+\angle b+650°=720°$ $\therefore$ $\angle a+\angle b=70°$

$\triangle$GDE에서 $\angle x+\angle a+\angle b=180°$이므로

$\angle x+70°=180°$ $\therefore$ $\angle x=180°-70°=110°$

ACT 27   080~081쪽

02 $95°+\angle x+110°+55°=360°$

$\therefore$ $\angle x=360°-(95°+110°+55°)=100°$

03 $90°+40°+70°+75°+\angle x=360°$

$\therefore$ $\angle x=360°-(90°+40°+70°+75°)=85°$

04 $45°+2\angle x+40°+50°+81°+\angle x=360°$

$3\angle x=144°$ $\therefore$ $\angle x=48°$

05

$\angle x+145°+130°=360°$

$\therefore$ $\angle x=360°-(145°+130°)=85°$

06

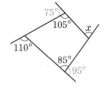

$75° + 110° + 95° + \angle x = 360°$
$\therefore \angle x = 360° - (75° + 110° + 95°) = 80°$

07

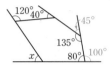

$120° + \angle x + 100° + 45° + 40° = 360°$
$\therefore \angle x = 360° - (120° + 100° + 45° + 40°) = 55°$

08

$\angle x + 105° + 100° + 90° = 360°$
$\therefore \angle x = 360° - (105° + 100° + 90°) = 65°$

09

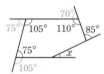

$75° + 105° + \angle x + 85° + 70° = 360°$
$\therefore \angle x = 360° - (75° + 105° + 85° + 70°) = 25°$

10

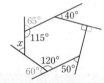

$65° + \angle x + 60° + 50° + 90° + 40° = 360°$
$\therefore \angle x = 360° - (65° + 60° + 50° + 90° + 40°) = 55°$

11

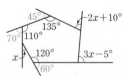

$45° + 70° + \angle x + 60° + (3\angle x - 5°) + (2\angle x + 10°) = 360°$
$6\angle x = 180° \quad \therefore \angle x = 30°$

12

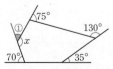

$① = 360° - (70° + 35° + 130° + 75°) = 50°$
$\therefore \angle x = 180° - 50° = 130°$

13

$① = 360° - (80° + 90° + 85° + 35°) = 70°$
$\therefore \angle x = 180° - 70° = 110°$

14

$① = 360° - (60° + 65° + 50° + 45° + 55°) = 85°$
$\therefore \angle x = 180° - 85° = 95°$

15

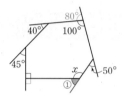

$① = 360° - (40° + 45° + 90° + 50° + 80°) = 55°$
$\therefore \angle x = 180° - 55° = 125°$

ACT 28   082~083쪽

01 $\dfrac{360°}{3} = 120°$

02 $\dfrac{180° \times (6-2)}{6} = 120°$

03 $\dfrac{360°}{8} = 45°$

04 $\dfrac{180° \times (9-2)}{9} = 140°$

05 $\dfrac{180° \times (20-2)}{20} = 162°$

07 구하는 정다각형을 정n각형이라고 하면
$\dfrac{180° \times (n-2)}{n} = 135°$에서
$180° \times (n-2) = 135° \times n$
$180° \times n - 360° = 135° \times n$
$45° \times n = 360° \quad \therefore n = 8$
따라서 구하는 정다각형은 정팔각형이다.

08 구하는 정다각형을 정n각형이라고 하면

$\dfrac{180° \times (n-2)}{n} = 144°$에서

$180° \times (n-2) = 144° \times n$

$180° \times n - 360° = 144° \times n$

$36° \times n = 360°$ $\quad \therefore n=10$

따라서 구하는 정다각형은 정십각형이다.

09 구하는 정다각형을 정n각형이라고 하면

$\dfrac{180° \times (n-2)}{n} = 150°$에서

$180° \times (n-2) = 150° \times n$

$180° \times n - 360° = 150° \times n$

$30° \times n = 360°$ $\quad \therefore n=12$

따라서 구하는 정다각형은 정십이각형이다.

11 구하는 정다각형을 정n각형이라고 하면

$\dfrac{360°}{n} = 60°$ $\quad \therefore n=6$

따라서 구하는 정다각형은 정육각형이다.

12 구하는 정다각형을 정n각형이라고 하면

$\dfrac{360°}{n} = 20°$ $\quad \therefore n=18$

따라서 구하는 정다각형은 정십팔각형이다.

13 구하는 정다각형을 정n각형이라고 하면

$\dfrac{360°}{n} = 18°$ $\quad \therefore n=20$

따라서 구하는 정다각형은 정이십각형이다.

14 ❶ 구하는 정다각형을 정n각형이라고 하면

$180° \times (n-2) = 1440°$

$n-2=8$ $\quad \therefore n=10$

따라서 구하는 정다각형은 정십각형이다.

❷ 정십각형의 한 내각의 크기는

$\dfrac{1440°}{10} = 144°$

15 ❶ 구하는 정다각형을 정n각형이라고 하면

$n-3=5$ $\quad \therefore n=8$

따라서 구하는 정다각형은 정팔각형이다.

❷ 정팔각형의 한 내각의 크기는

$\dfrac{180° \times (8-2)}{8} = 135°$

16 ❶ 구하는 정다각형을 정n각형이라고 하면

$\dfrac{360°}{n} = 24°$ $\quad \therefore n=15$

따라서 구하는 정다각형은 정십오각형이다.

❷ 정십오각형의 대각선의 개수는

$\dfrac{15(15-3)}{2} = 90$(개)

17 ❶ 구하는 정다각형을 정n각형이라고 하면

$180° \times (n-2) + 360° = 2160°$

$180° \times (n-2) = 1800°$

$n-2=10$ $\quad \therefore n=12$

따라서 구하는 정다각형은 정십이각형이다.

❷ 정십이각형의 한 외각의 크기는

$\dfrac{360°}{12} = 30°$

01 $180° - 135° = 45°$

02 ㉠ 칠각형은 7개의 선분으로 둘러싸여 있다.

㉢ 다각형의 이웃하지 않는 두 꼭짓점을 이은 선분을 대각선
   이라고 한다.

따라서 옳은 것은 ㉡, ㉣이다.

03 $a = 10-3 = 7$

$b = 10-2 = 8$

$\therefore a+b = 15$

04 ⑺, ⑻에 의해 정다각형이므로 구하는 정다각형을 정n각형이
라고 하면

$\dfrac{n(n-3)}{2} = 27$에서 $n(n-3) = 54$

이때 차가 3이고 곱이 54인 두 자연수는 6, 9이므로 $n=9$

따라서 구하는 정다각형은 정구각형이다.

05 삼각형의 세 내각의 크기를 각각 $\angle x$, $2\angle x$, $3\angle x$라고 하면

$\angle x + 2\angle x + 3\angle x = 180°$

$6\angle x = 180°$, $\angle x = 30°$

$\therefore$ (가장 큰 내각의 크기) $= 3\angle x = 90°$

06 $2\angle x + 10° = \angle x + 46°$

$\therefore \angle x = 36°$

07 $\triangle ABC$에서

$\angle BAC = 180° - (40° + 50°) = 90°$

$\therefore \angle BAD = \dfrac{1}{2} \angle BAC = \dfrac{1}{2} \times 90° = 45°$

$\triangle ABD$에서

$\angle x = 40° + 45° = 85°$

08 △DBC에서
$120°+•+×=180°$ ∴ $•+×=60°$
△ABC에서
$∠x+2•+2×=180°$
$∠x+2×60°=180°$
∴ $∠x=180°-120°=60°$

09 △DBC에서
$2×=58°+2▲$ ∴ $×-▲=29°$
△ABC에서
$×=∠x+▲$ ∴ $∠x=×-▲=29°$

다른 풀이 $∠x=\dfrac{1}{2}∠D=\dfrac{1}{2}×58°=29°$

10

△OCD에서 $∠AOC=60°+50°=110°$
△ABO에서
$70+∠x=110°$ ∴ $∠x=110°-70°=40°$

11 △ABE에서 $∠a=65°+40°=105°$
△CEF에서 $∠b=105°+35°=140°$

12
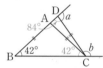
△ABC에서 $∠ACB=∠ABC=42°$
∴ $∠DAC=42°+42°=84°$
$∠ADC=∠DAC=84°$
∴ $∠a=180°-84°=96°$
△DBC에서
$∠b=42°+84°=126°$

13 △AHD에서 $∠a=40°+32°=72°$
△BIE에서 $∠b=35°+43°=78°$

14 구하는 다각형을 n각형이라고 하면
$180°×(n-2)=1440°$
$n-2=8$ ∴ $n=10$
따라서 십각형의 꼭짓점의 개수는 10개이다.

15 $2∠x+90°+2∠x+∠x=360°$
$5∠x=270°$ ∴ $∠x=54°$

16

$①=360°-(85°+75°+60°+100°)=40°$
∴ $∠x=180°-40°=140°$

다른 풀이

오각형의 내각의 크기의 합은
$180°×(5-2)=540°$이므로
$95°+∠x+105°+120°+80°=540°$
∴ $∠x=140°$

17 ㉠ 한 꼭짓점에서 그을 수 있는 대각선의 개수는 $10-3=7$(개)
㉡ $\dfrac{180°×(10-2)}{10}=144°$
㉢ 외각의 크기의 합은 360°이다.
㉣ $\dfrac{360°}{10}=36°$
따라서 옳은 것은 ㉡, ㉣이다.

18 구하는 정다각형을 정n각형이라고 하면
$\dfrac{180°×(n-2)}{n}=108°$
$180°×(n-2)=108°×n$
$180°×n-360°=108°×n$
$72°×n=360°$ ∴ $n=5$
따라서 정오각형의 대각선의 개수는
$\dfrac{5(5-3)}{2}=5$(개)

ACT 29 088~089쪽

04 $\overarc{AD}$는 호라고 한다.

05 지름은 원에서 가장 긴 현이다.

09 $60°:40°=15:x$이므로
$3:2=15:x$ ∴ $x=10$

10 $90°:72°=x:16$이므로
$5:4=x:16$ ∴ $x=20$

11 $x°:20°=9:3$이므로
$x:20=3:1$ ∴ $x=60$

12 $60°:x°=12:9$이므로
$60:x=4:3$ ∴ $x=45$

13 $x°:180°=6:15$이므로
$x:180=2:5$ ∴ $x=72$

ACT 30 090~091쪽

01 $50° : 30° = 10 : x$이므로
$5 : 3 = 10 : x$ ∴ $x = 6$

02 $40° : 100° = x : 15$이므로
$2 : 5 = x : 15$ ∴ $x = 6$

03 $45° : 150° = x : 50$이므로
$3 : 10 = x : 50$ ∴ $x = 15$

05 $80° : x° = 10 : 4$이므로
$80 : x = 5 : 2$ ∴ $x = 32$

06 $x° : 90° = 10 : 15$이므로
$x : 90 = 2 : 3$ ∴ $x = 60$

ACT+ 31 092~093쪽

02 $\angle x = 360° \times \dfrac{5}{4+5+3} = 150°$

03 $\angle x = 360° \times \dfrac{5}{3+1+5} = 200°$

05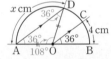
$\angle DAB = \angle COB = 36°$ (동위각)
$\overline{OD}$를 그으면 $\overline{OA} = \overline{OD}$이므로
$\angle ODA = \angle OAD = 36°$
△AOD에서
$\angle AOD = 180° - (36° + 36°) = 108°$
이때 $36° : 108° = 4 : x$이므로
$1 : 3 = 4 : x$ ∴ $x = 12$

06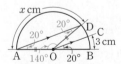
$\angle DAB = \angle COB = 20°$ (동위각)
$\overline{OD}$를 그으면 $\overline{OA} = \overline{OD}$이므로
$\angle ODA = \angle OAD = 20°$
△AOD에서 $\angle AOD = 180° - (20° + 20°) = 140°$
이때 $20° : 140° = 3 : x$이므로
$1 : 7 = 3 : x$ ∴ $x = 21$

08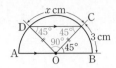
$\angle DCO = \angle COB = 45°$ (엇각)
$\overline{OD}$를 그으면 $\overline{OD} = \overline{OC}$이므로
$\angle ODC = \angle OCD = 45°$
△DOC에서 $\angle DOC = 180° - (45° + 45°) = 90°$
이때 $45° : 90° = 3 : x$이므로
$1 : 2 = 3 : x$ ∴ $x = 6$

09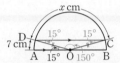
$\angle CDO = \angle DOA = 15°$ (엇각)
$\overline{OC}$를 그으면 $\overline{OD} = \overline{OC}$이므로
$\angle OCD = \angle ODC = 15°$
△DOC에서 $\angle DOC = 180° - (15° + 15°) = 150°$
이때 $15° : 150° = 7 : x$이므로
$1 : 10 = 7 : x$ ∴ $x = 70$

11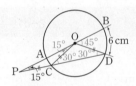
$\angle POC = \angle OPC = 15°$
△OPC에서 $\angle OCD = 15° + 15° = 30°$
$\overline{OC} = \overline{OD}$이므로
$\angle ODC = \angle OCD = 30°$
△OPD에서 $\angle BOD = 15° + 30° = 45°$
이때 $15° : 45° = \overset{\frown}{AC} : 6$이므로
$1 : 3 = \overset{\frown}{AC} : 6$ ∴ $\overset{\frown}{AC} = 2$ (cm)

ACT 32 096~097쪽

02 $l = 2\pi \times 6 = 12\pi$ (cm)
$S = \pi \times 6^2 = 36\pi$ (cm²)

03 반지름의 길이는 5 cm이므로
$l = 2\pi \times 5 = 10\pi$ (cm)
$S = \pi \times 5^2 = 25\pi$ (cm²)

04 $l = 2\pi \times 7 = 14\pi$ (cm)
$S = \pi \times 7^2 = 49\pi$ (cm²)

05 $l = 2\pi \times 9 = 18\pi$ (cm)
$S = \pi \times 9^2 = 81\pi$ (cm²)

06 반지름의 길이는 3 cm이므로
$l = 2\pi \times 3 = 6\pi$ (cm)
$S = \pi \times 3^2 = 9\pi$ (cm^2)

07 반지름의 길이는 8 cm이므로
$l = 2\pi \times 8 = 16\pi$ (cm)
$S = \pi \times 8^2 = 64\pi$ (cm^2)

09 $2\pi r = 10\pi$ $\therefore r = 5$ (cm)

10 $2\pi r = 18\pi$ $\therefore r = 9$ (cm)

11 $2\pi r = 28\pi$ $\therefore r = 14$ (cm)

13 $\pi r^2 = 49\pi$ $\therefore r = 7$ (cm) ($\because r > 0$)

14 $\pi r^2 = 64\pi$ $\therefore r = 8$ (cm) ($\because r > 0$)

15 $\pi r^2 = 100\pi$ $\therefore r = 10$ (cm) ($\because r > 0$)

ACT 33   098~099쪽

02 $l = 2\pi \times 3 \times \dfrac{45}{360} = \dfrac{3}{4}\pi$ (cm)

$S = \pi \times 3^2 \times \dfrac{45}{360} = \dfrac{9}{8}\pi$ (cm^2)

03 $l = 2\pi \times 5 \times \dfrac{90}{360} = \dfrac{5}{2}\pi$ (cm)

$S = \pi \times 5^2 \times \dfrac{90}{360} = \dfrac{25}{4}\pi$ (cm^2)

04 $l = 2\pi \times 10 \times \dfrac{270}{360} = 15\pi$ (cm)

$S = \pi \times 10^2 \times \dfrac{270}{360} = 75\pi$ (cm^2)

05 $l = 2\pi \times 4 \times \dfrac{60}{360} = \dfrac{4}{3}\pi$ (cm)

$S = \pi \times 4^2 \times \dfrac{60}{360} = \dfrac{8}{3}\pi$ (cm^2)

06 $l = 2\pi \times 10 \times \dfrac{135}{360} = \dfrac{15}{2}\pi$ (cm)

$S = \pi \times 10^2 \times \dfrac{135}{360} = \dfrac{75}{2}\pi$ (cm^2)

07 $l = 2\pi \times 8 \times \dfrac{210}{360} = \dfrac{28}{3}\pi$ (cm)

$S = \pi \times 8^2 \times \dfrac{210}{360} = \dfrac{112}{3}\pi$ (cm^2)

09 $2\pi \times 8 \times \dfrac{x}{360} = 2\pi$ $\therefore x = 45$

---

11 $\pi \times 9^2 \times \dfrac{x}{360} = 27\pi$ $\therefore x = 120$

13 $2\pi \times r \times \dfrac{60}{360} = 3\pi$ $\therefore r = 9$

15 $\pi \times r^2 \times \dfrac{150}{360} = 15\pi$

$r^2 = 36$ $\therefore r = 6$ ($\because r > 0$)

ACT 34   100~101쪽

02 $S = \dfrac{1}{2} \times 12 \times 8\pi = 48\pi$ (cm^2)

03 $S = \dfrac{1}{2} \times 3 \times \pi = \dfrac{3}{2}\pi$ (cm^2)

04 $S = \dfrac{1}{2} \times 4 \times 3\pi = 6\pi$ (cm^2)

06 $\dfrac{1}{2} \times r \times 3\pi = 21\pi$ $\therefore r = 14$ (cm)

07 $\dfrac{1}{2} \times r \times 4\pi = 12\pi$ $\therefore r = 6$ (cm)

08 $\dfrac{1}{2} \times r \times 6\pi = 15\pi$ $\therefore r = 5$ (cm)

10 $\dfrac{1}{2} \times 8 \times l = 32\pi$ $\therefore l = 8\pi$ (cm)

11 $\dfrac{1}{2} \times 5 \times l = 10\pi$ $\therefore l = 4\pi$ (cm)

12 $\dfrac{1}{2} \times 6 \times l = 24\pi$ $\therefore l = 8\pi$ (cm)

14 구하는 원의 반지름의 길이를 r cm라고 하면
$\dfrac{1}{2} \times r \times 2\pi = 3\pi$ $\therefore r = 3$ (cm)
따라서 중심각의 크기는
$\pi \times 3^2 \times \dfrac{x}{360} = 3\pi$ $\therefore x = 120$

다른 풀이
중심각의 크기는
$2\pi \times 3 \times \dfrac{x}{360} = 2\pi$ $\therefore x = 120$

15 구하는 원의 반지름의 길이를 r cm라고 하면
$\dfrac{1}{2} \times r \times 8\pi = 36\pi$ $\therefore r = 9$ (cm)
따라서 중심각의 크기는
$\pi \times 9^2 \times \dfrac{x}{360} = 36\pi$ $\therefore x = 160$

다른 풀이
중심각의 크기는
$2\pi \times 9 \times \dfrac{x}{360} = 8\pi$ $\therefore x = 160$

02

❶ $2\pi \times 8 \times \dfrac{1}{2} = 8\pi$ (cm)

❷ $2\pi \times 3 \times \dfrac{1}{2} = 3\pi$ (cm)

❸ $2\pi \times 5 \times \dfrac{1}{2} = 5\pi$ (cm)

∴ (색칠한 부분의 둘레의 길이)
　$= 8\pi + 3\pi + 5\pi = 16\pi$ (cm)

03

❶ $2\pi \times 8 \times \dfrac{1}{2} = 8\pi$ (cm)

❷ $\left(2\pi \times 4 \times \dfrac{1}{2}\right) \times 2 = 8\pi$ (cm)

∴ (색칠한 부분의 둘레의 길이)
　$= 8\pi + 8\pi = 16\pi$ (cm)

05

❶ $2\pi \times (6+2) \times \dfrac{45}{360} = 2\pi$ (cm)

❷ $2\pi \times 6 \times \dfrac{45}{360} = \dfrac{3}{2}\pi$ (cm)

❸ $2 \times 2 = 4$ (cm)

∴ (색칠한 부분의 둘레의 길이)
　$= 2\pi + \dfrac{3}{2}\pi + 4 = \dfrac{7}{2}\pi + 4$ (cm)

06

❶ $2\pi \times 8 \times \dfrac{135}{360} = 6\pi$ (cm)

❷ $2\pi \times (8-4) \times \dfrac{135}{360} = 3\pi$ (cm)

❸ $4 \times 2 = 8$ (cm)

∴ (색칠한 부분의 둘레의 길이)
　$= 6\pi + 3\pi + 8 = 9\pi + 8$ (cm)

08

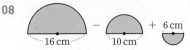

(색칠한 부분의 넓이)

$= \pi \times 8^2 \times \dfrac{1}{2} - \pi \times 5^2 \times \dfrac{1}{2} + \pi \times 3^2 \times \dfrac{1}{2}$

$= 32\pi - \dfrac{25}{2}\pi + \dfrac{9}{2}\pi = 24\pi$ (cm²)

09

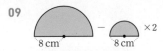

(색칠한 부분의 넓이)

$= \pi \times 8^2 \times \dfrac{1}{2} - \left(\pi \times 4^2 \times \dfrac{1}{2}\right) \times 2$

$= 32\pi - 16\pi = 16\pi$ (cm²)

11 (색칠한 부분의 넓이)

$= \pi \times (6+2)^2 \times \dfrac{45}{360} - \pi \times 6^2 \times \dfrac{45}{360}$

$= 8\pi - \dfrac{9}{2}\pi = \dfrac{7}{2}\pi$ (cm²)

12 (색칠한 부분의 넓이)

$= \pi \times 8^2 \times \dfrac{135}{360} - \pi \times (8-4)^2 \times \dfrac{135}{360}$

$= 24\pi - 6\pi = 18\pi$ (cm²)

02

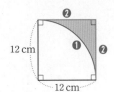

❶ $2\pi \times 12 \times \dfrac{1}{4} = 6\pi$ (cm)

❷ $12 \times 2 = 24$ (cm)

∴ (색칠한 부분의 둘레의 길이) $= 6\pi + 24$ (cm)

03

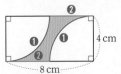

❶ $\left(2\pi \times 4 \times \dfrac{1}{4}\right) \times 2 = 4\pi$ (cm)

❷ $(8-4) \times 2 = 8$ (cm)

∴ (색칠한 부분의 둘레의 길이) $= 4\pi + 8$ (cm)

05

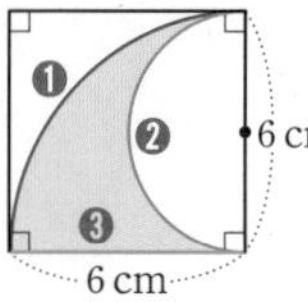

❶ $2\pi \times 6 \times \frac{1}{4} = 3\pi$ (cm)

❷ $2\pi \times 3 \times \frac{1}{2} = 3\pi$ (cm)

❸ 6 cm

∴ (색칠한 부분의 둘레의 길이)
$= 3\pi + 3\pi + 6$
$= 6\pi + 6$ (cm)

06

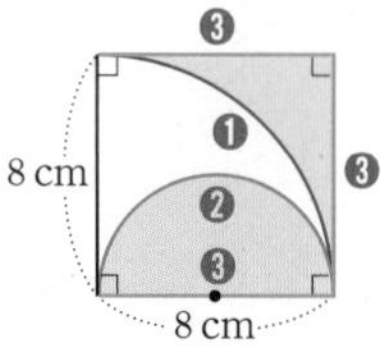

❶ $2\pi \times 8 \times \frac{1}{4} = 4\pi$ (cm)

❷ $2\pi \times 4 \times \frac{1}{2} = 4\pi$ (cm)

❸ $8 \times 3 = 24$ (cm)

∴ (색칠한 부분의 둘레의 길이)
$= 4\pi + 4\pi + 24$
$= 8\pi + 24$ (cm)

08 $\left(2\pi \times 6 \times \frac{1}{4}\right) \times 2 = 6\pi$ (cm)

09

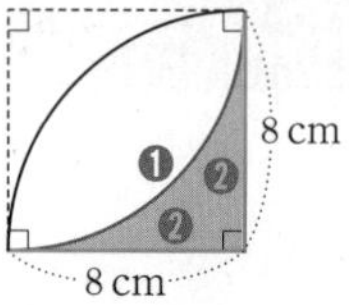

정사각형을 만들어 생각하면

❶ $2\pi \times 8 \times \frac{1}{4} = 4\pi$ (cm)

❷ $8 \times 2 = 16$ (cm)

∴ (색칠한 부분의 둘레의 길이)
$= 4\pi + 16$ (cm)

11

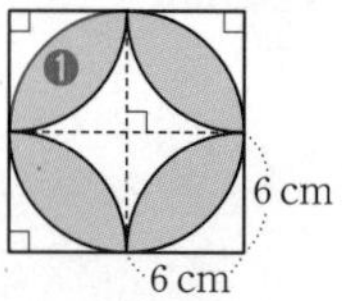

(색칠한 부분의 둘레의 길이)
$=$ ❶ $\times 8$
$= \left(2\pi \times 6 \times \frac{1}{4}\right) \times 8$
$= 24\pi$ (cm)

12

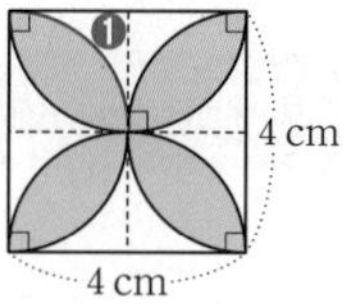

(색칠한 부분의 둘레의 길이)
$=$ ❶ $\times 8$
$= \left(2\pi \times 2 \times \frac{1}{4}\right) \times 8 = 8\pi$ (cm)

ACT+ 37 106~107쪽

02

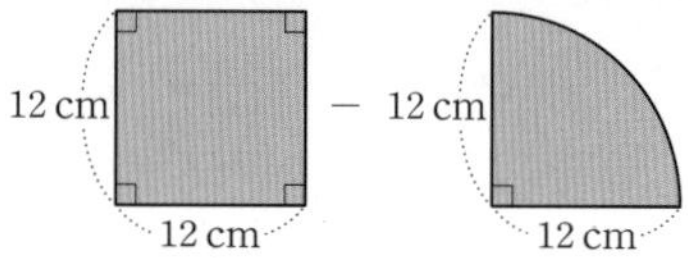

∴ (색칠한 부분의 넓이)
$= 12 \times 12 - \pi \times 12^2 \times \frac{1}{4}$
$= 144 - 36\pi$ (cm^2)

03

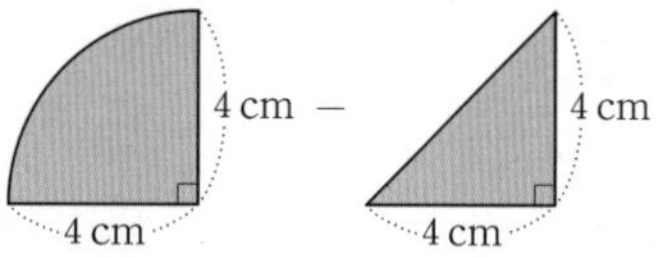

∴ (색칠한 부분의 넓이)
$= \pi \times 4^2 \times \frac{1}{4} - \frac{1}{2} \times 4 \times 4$
$= 4\pi - 8$ (cm^2)

05

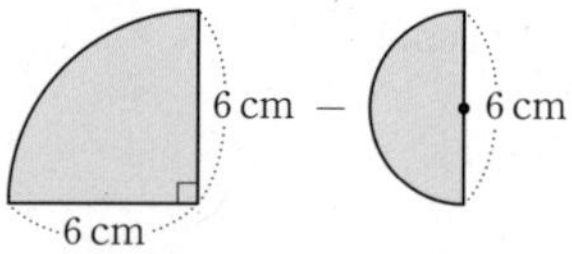

∴ (색칠한 부분의 넓이)
$= \pi \times 6^2 \times \frac{1}{4} - \pi \times 3^2 \times \frac{1}{2}$
$= 9\pi - \frac{9}{2}\pi = \frac{9}{2}\pi$ (cm^2)

06

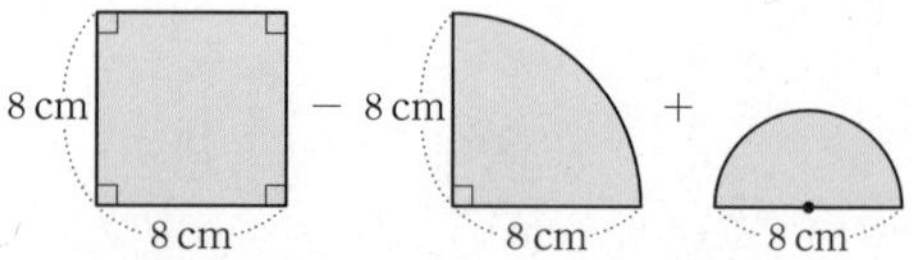

∴ (색칠한 부분의 넓이)
$= 8 \times 8 - \pi \times 8^2 \times \frac{1}{4} + \pi \times 4^2 \times \frac{1}{2}$
$= 64 - 16\pi + 8\pi$
$= 64 - 8\pi$ (cm^2)

08

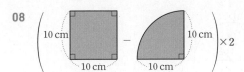

∴ (색칠한 부분의 넓이)

$$=\left(10\times10-\pi\times10^2\times\frac{1}{4}\right)\times2$$

$$=(100-25\pi)\times2$$

$$=200-50\pi \ (\text{cm}^2)$$

09

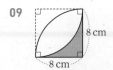

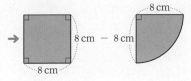

∴ (색칠한 부분의 넓이)

$$=8\times8-\pi\times8^2\times\frac{1}{4}$$

$$=64-16\pi \ (\text{cm}^2)$$

11

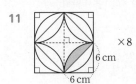

∴ (색칠한 부분의 넓이)

$$=\left(\pi\times6^2\times\frac{1}{4}-\frac{1}{2}\times6\times6\right)\times8$$

$$=(9\pi-18)\times8$$

$$=72\pi-144 \ (\text{cm}^2)$$

12

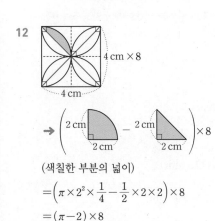

(색칠한 부분의 넓이)

$$=\left(\pi\times2^2\times\frac{1}{4}-\frac{1}{2}\times2\times2\right)\times8$$

$$=(\pi-2)\times8$$

$$=8\pi-16 \ (\text{cm}^2)$$

02

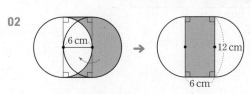

∴ (색칠한 부분의 넓이)

$$=6\times12=72 \ (\text{cm}^2)$$

03

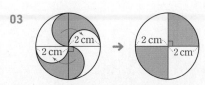

∴ (색칠한 부분의 넓이)

$$=\left(\pi\times2^2\times\frac{1}{4}\right)\times2=2\pi \ (\text{cm}^2)$$

05

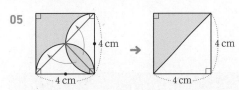

∴ (색칠한 부분의 넓이)

$$=\frac{1}{2}\times4\times4=8 \ (\text{cm}^2)$$

06

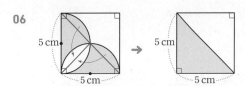

∴ (색칠한 부분의 넓이)

$$=\frac{1}{2}\times5\times5=\frac{25}{2} \ (\text{cm}^2)$$

08

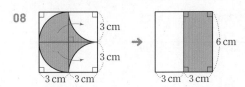

∴ (색칠한 부분의 넓이)$=3\times6=18(\text{cm}^2)$

09

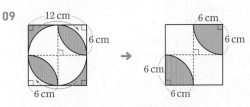

∴ (색칠한 부분의 넓이)

$$=\left(\pi\times6^2\times\frac{1}{4}\right)\times2=18\pi \ (\text{cm}^2)$$

11

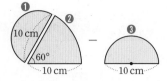

❶ $\pi \times 5^2 \times \dfrac{1}{2} = \dfrac{25}{2}\pi \ (\text{cm}^2)$

❷ $\pi \times 10^2 \times \dfrac{60}{360} = \dfrac{50}{3}\pi \ (\text{cm}^2)$

❸ $\pi \times 5^2 \times \dfrac{1}{2} = \dfrac{25}{2}\pi \ (\text{cm}^2)$

∴ (색칠한 부분의 넓이)

$= ❶ + ❷ - ❸$

$= \dfrac{25}{2}\pi + \dfrac{50}{3}\pi - \dfrac{25}{2}\pi$

$= \dfrac{50}{3}\pi \ (\text{cm}^2)$

TEST 04 110~111쪽

01 $60° : 150° = 4 : x$이므로

$2 : 5 = 4 : x$ ∴ $x = 10$

$60° : y° = 4 : 3$이므로

$60 : y = 4 : 3$ ∴ $y = 45$

02 $x° : 120° = 12 : 36$이므로

$x : 120 = 1 : 3$ ∴ $x = 40$

03 (4) 현의 길이는 중심각의 크기에 정비례하지 않는다.

04 $\angle \text{AOB} = 360° \times \dfrac{2}{2+3+5} = 72°$

$\angle \text{BOC} = 360° \times \dfrac{3}{2+3+5} = 108°$

05

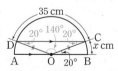

$\angle \text{DCO} = \angle \text{COB} = 20°$ (엇각)

$\overline{\text{OD}}$를 그으면 $\overline{\text{OD}} = \overline{\text{OC}}$이므로

$\angle \text{ODC} = \angle \text{OCD} = 20°$

$\triangle \text{DOC}$에서

$\angle \text{DOC} = 180° - (20° + 20°) = 140°$

이때 $20° : 140° = x : 35$이므로

$1 : 7 = x : 35$ ∴ $x = 5$

06

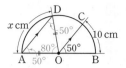

$\angle \text{DAB} = \angle \text{COB} = 50°$ (동위각)

$\overline{\text{OD}}$를 그으면 $\overline{\text{OA}} = \overline{\text{OD}}$이므로

$\angle \text{ODA} = \angle \text{OAD} = 50°$

$\triangle \text{AOD}$에서

$\angle \text{AOD} = 180° - (50° + 50°) = 80°$

이때 $50° : 80° = 10 : x$이므로

$5 : 8 = 10 : x$ ∴ $x = 16$

07 구하는 원의 반지름의 길이를 r cm라고 하면

$2\pi \times r = 8\pi$ ∴ $r = 4 \ (\text{cm})$

따라서 반지름의 길이는 4 cm이다.

08 $l = 2\pi \times 4 \times \dfrac{45}{360} = \pi \ (\text{cm})$

$S = \pi \times 4^2 \times \dfrac{45}{360} = 2\pi \ (\text{cm}^2)$

09 (부채꼴의 넓이) $= \dfrac{1}{2} \times 6 \times 5\pi = 15\pi \ (\text{cm}^2)$

10 구하는 부채꼴의 반지름의 길이를 r cm라고 하면

$\dfrac{1}{2} \times r \times 3\pi = 5\pi$ ∴ $r = \dfrac{10}{3} \ (\text{cm})$

따라서 반지름의 길이는 $\dfrac{10}{3}$ cm이다.

11 구하는 부채꼴의 반지름의 길이를 r cm, 중심각의 크기를 $x°$라고 하면

$\dfrac{1}{2} \times r \times \dfrac{2}{3}\pi = 2\pi$ ∴ $r = 6$

중심각의 크기는

$\pi \times 6^2 \times \dfrac{x}{360} = 2\pi$ ∴ $x = 20$

따라서 중심각의 크기는 20°이다.

［다른 풀이］

중심각의 크기는 호의 길이를 이용하여 구할 수도 있다.

$2\pi \times 6 \times \dfrac{x}{360} = \dfrac{2}{3}\pi$ ∴ $x = 20$

12

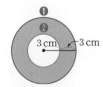

❶ $2\pi \times (3+3) = 12\pi \ (\text{cm})$

❷ $2\pi \times 3 = 6\pi \ (\text{cm})$

∴ (색칠한 부분의 둘레의 길이)

$= 12\pi + 6\pi$

$= 18\pi \ (\text{cm})$

13

❶ $2\pi \times 8 \times \dfrac{30}{360} = \dfrac{4}{3}\pi$ (cm)

❷ $2\pi \times 4 \times \dfrac{30}{360} = \dfrac{2}{3}\pi$ (cm)

❸ $(8-4) \times 2 = 8$ (cm)

∴ (색칠한 부분의 둘레의 길이)

$= \dfrac{4}{3}\pi + \dfrac{2}{3}\pi + 8 = 2\pi + 8$ (cm)

14

∴ (색칠한 부분의 둘레의 길이)

$= ❶ \times 8$

$= \left(2\pi \times 6 \times \dfrac{1}{4}\right) \times 8 = 24\pi$ (cm)

15

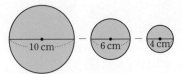

∴ (색칠한 부분의 넓이)

$= \pi \times 5^2 - \pi \times 3^2 - \pi \times 2^2$

$= 25\pi - 9\pi - 4\pi = 12\pi$ (cm²)

16

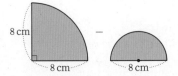

∴ (색칠한 부분의 넓이)

$= \pi \times 8^2 \times \dfrac{1}{4} - \pi \times 4^2 \times \dfrac{1}{2}$

$= 16\pi - 8\pi = 8\pi$ (cm²)

17

∴ (색칠한 부분의 넓이) $= \pi \times 10^2 \times \dfrac{1}{2} = 50\pi$ (cm²)

18

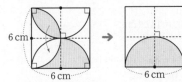

∴ (색칠한 부분의 넓이) $= \pi \times 3^2 \times \dfrac{1}{2} = \dfrac{9}{2}\pi$ (cm²)

Chapter Ⅲ 입체도형

ACT 40　118~119쪽

02 정삼각형이 한 꼭짓점에 3개씩 모이는 정다면체는 정사면체이다.

03 면의 개수가 가장 적은 정다면체는 정사면체이고, 정사면체의 모서리의 개수는 6개이다.

04 정다면체의 한 꼭짓점에 모인 각의 크기의 합은 360°보다 작아야 한다.

ACT 41　120~121쪽

06

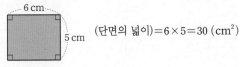

색칠한 두 면이 겹치므로 정육면체의 전개도가 아니다.

08

색칠한 두 면이 겹치므로 정육면체의 전개도가 아니다.

ACT 43　124~125쪽

07 회전체를 회전축에 수직인 평면으로 자른 단면은 원이지만 항상 합동은 아니다.

09 원기둥을 회전축을 포함하는 평면으로 자른 단면은 직사각형이다.

10 원뿔대를 회전축에 수직인 평면으로 자른 단면은 원이다.

12

6 cm

5 cm

(단면의 넓이) $= 6 \times 5 = 30$ (cm²)

13

6 cm

6 cm

(단면의 넓이) $= \dfrac{1}{2} \times 6 \times 6 = 18$ (cm²)

14

$(단면의 넓이)=\dfrac{1}{2}\times(6+10)\times8=64\,(\text{cm}^2)$

15

$(단면의 넓이)=\pi\times7^2=49\pi\,(\text{cm}^2)$

ACT 44 126~127쪽

08 ⑴ $2\pi\times6=12\pi\,(\text{cm})$

10 ⑵ $2\pi\times8=16\pi\,(\text{cm})$

TEST 05 128~129쪽

03 ① 밑면은 육각형이다.
② 옆면의 개수는 6개이다.
③ 육각뿔대 : 8개, 육각뿔 : 7개
⑤ 꼭짓점의 개수는 12개이다.
따라서 옳은 것은 ④이다.

04 ② 사면체의 옆면은 삼각형이다.

05 ① 5개 ② 6개 ③ 6개 ④ 8개 ⑤ 7개
따라서 면의 개수가 가장 많은 다면체는 ④이다.

06 ① 다면체 중에서 면의 개수가 가장 적은 다면체는 사면체이다.
③ 사각뿔의 옆면은 삼각형이다.
④ 삼각뿔대는 삼각형과 사다리꼴로 이루어져 있다.
⑤ n각뿔대의 모서리의 개수는 $3n$개이다.

09 ② 정육면체의 면은 사각형, 정십이면체의 면은 오각형이다.

10

A(I, K)　　　N(L)
B(H)
　　M
　J　　　E
C(G)　　D(F)

11 ① 구의 전개도는 없다.
③ 원뿔의 전개도에서 옆면은 부채꼴이다.
⑤ 구의 중심을 지나는 평면으로 자른 단면의 넓이가 가장 크다.
따라서 옳은 것은 ②, ④이다.

13 ① 원기둥 – 직사각형
② 원뿔 – 이등변삼각형
④ 구 – 원
⑤ 반구 – 반원
따라서 바르게 짝 지은 것은 ③이다.

14 ⑤ 원뿔대를 회전축을 포함하는 평면으로 자른 단면은 사다리꼴이다.
따라서 옳지 않은 것은 ⑤이다.

15

$(단면의 넓이)=\dfrac{1}{2}\times10\times8=40\,(\text{cm}^2)$

ACT 45 132~133쪽

02 $(밑넓이)=3\times5=15\,(\text{cm}^2)$
$(옆넓이)=(3+5+3+5)\times7=112\,(\text{cm}^2)$
$\therefore(겉넓이)=15\times2+112=142\,(\text{cm}^2)$

03 $(밑넓이)=\dfrac{1}{2}\times6\times4=12\,(\text{cm}^2)$
$(옆넓이)=(6+5+5)\times9=144\,(\text{cm}^2)$
$\therefore(겉넓이)=12\times2+144=168\,(\text{cm}^2)$

04 $(밑넓이)=6\times3=18\,(\text{cm}^2)$
$(옆넓이)=(6+3+6+3)\times4=72\,(\text{cm}^2)$
$\therefore(겉넓이)=18\times2+72=108\,(\text{cm}^2)$

05 $(밑넓이)=\dfrac{1}{2}\times(3+9)\times4=24\,(\text{cm}^2)$
$(옆넓이)=(5+3+5+9)\times8=176\,(\text{cm}^2)$
$\therefore(겉넓이)=24\times2+176=224\,(\text{cm}^2)$

07 $(밑넓이)=\dfrac{1}{2}\times12\times8=48\,(\text{cm}^2)$
$(높이)=10\,\text{cm}$
$\therefore(부피)=48\times10=480\,(\text{cm}^3)$

08 $(밑넓이)=3\times7=21\,(\text{cm}^2)$
$(높이)=7\,\text{cm}$
$\therefore(부피)=21\times7=147\,(\text{cm}^3)$

09 $(밑넓이)=\dfrac{1}{2}\times(4+8)\times10=60\,(\text{cm}^2)$
$(높이)=6\,\text{cm}$
$\therefore(부피)=60\times6=360\,(\text{cm}^3)$

10 (밑넓이)$=\dfrac{1}{2}\times(4+10)\times6=42\ (\text{cm}^2)$

(높이)$=8\ \text{cm}$

$\therefore$ (부피)$=42\times8=336\ (\text{cm}^3)$

11 각기둥의 높이를 $h\ \text{cm}$라고 하면

(겉넓이)$=$(밑넓이)$\times2+$(옆넓이)이므로

$130=(4\times5)\times2+(4+5+4+5)\times h$

$130=40+18h$ $\quad\therefore h=5$

따라서 높이는 $5\ \text{cm}$이다.

12 각기둥의 높이를 $h\ \text{cm}$라고 하면

(부피)$=$(밑넓이)$\times$(높이)이므로

$48=\dfrac{1}{2}\times(2+6)\times3\times h$

$48=12h$ $\quad\therefore h=4$

따라서 높이는 $4\ \text{cm}$이다.

ACT 46 134~135쪽

02 밑면인 원의 반지름의 길이는 $\dfrac{1}{2}\times6=3\ (\text{cm})$

(밑넓이)$=\pi\times3^2=9\pi\ (\text{cm}^2)$

(옆넓이)$=(2\pi\times3)\times7=42\pi\ (\text{cm}^2)$

$\therefore$ (겉넓이)$=9\pi\times2+42\pi=60\pi\ (\text{cm}^2)$

03 (밑넓이)$=\pi\times3^2=9\pi\ (\text{cm}^2)$

(옆넓이)$=(2\pi\times3)\times4=24\pi\ (\text{cm}^2)$

$\therefore$ (겉넓이)$=9\pi\times2+24\pi=42\pi\ (\text{cm}^2)$

04 밑면인 원의 반지름의 길이는 $\dfrac{1}{2}\times8=4\ (\text{cm})$

(밑넓이)$=\pi\times4^2=16\pi\ (\text{cm}^2)$

(옆넓이)$=(2\pi\times4)\times6=48\pi\ (\text{cm}^2)$

$\therefore$ (겉넓이)$=16\pi\times2+48\pi=80\pi\ (\text{cm}^2)$

05 (밑넓이)$=\pi\times4^2=16\pi\ (\text{cm}^2)$

(옆넓이)$=(2\pi\times4)\times12=96\pi\ (\text{cm}^2)$

$\therefore$ (겉넓이)$=16\pi\times2+96\pi=128\pi\ (\text{cm}^2)$

07 밑면인 원의 반지름의 길이는 $\dfrac{1}{2}\times12=6\ (\text{cm})$

(밑넓이)$=\pi\times6^2=36\pi\ (\text{cm}^2)$

(높이)$=12\ \text{cm}$

$\therefore$ (부피)$=36\pi\times12=432\pi\ (\text{cm}^3)$

08 (밑넓이)$=\pi\times8^2=64\pi\ (\text{cm}^2)$

(높이)$=5\ \text{cm}$

$\therefore$ (부피)$=64\pi\times5=320\pi\ (\text{cm}^3)$

09 (밑넓이)$=\pi\times2^2=4\pi\ (\text{cm}^2)$

(높이)$=9\ \text{cm}$

$\therefore$ (부피)$=4\pi\times9=36\pi\ (\text{cm}^3)$

10 (밑넓이)$=\pi\times5^2=25\pi\ (\text{cm}^2)$

(높이)$=4\ \text{cm}$

$\therefore$ (부피)$=25\pi\times4=100\pi\ (\text{cm}^3)$

11 원기둥의 높이를 $h\ \text{cm}$라고 하면

(부피)$=$(밑넓이)$\times$(높이)이므로

$16\pi=(\pi\times2^2)\times h$

$\therefore h=4$

따라서 높이는 $4\ \text{cm}$이다.

12 밑면인 원의 반지름의 길이는 $\dfrac{1}{2}\times10=5\ (\text{cm})$

원기둥의 높이를 $h\ \text{cm}$라고 하면

(겉넓이)$=$(밑넓이)$\times2+$(옆넓이)이므로

$120\pi=(\pi\times5^2)\times2+(2\pi\times5)\times h$

$120\pi=50\pi+10\pi h$

$\therefore h=7$

따라서 높이는 $7\ \text{cm}$이다.

13 밑면의 반지름의 길이를 $r\ \text{cm}$라고 하면

(부피)$=$(밑넓이)$\times$(높이)이므로

$200\pi=(\pi\times r^2)\times8$

$r^2=25$ $\quad\therefore r=5\ (\because r>0)$

따라서 반지름의 길이는 $5\ \text{cm}$이다.

ACT 47 136~137쪽

02 (밑넓이)$=5\times5=25\ (\text{cm}^2)$

(옆넓이)$=\left(\dfrac{1}{2}\times5\times6\right)\times4=60\ (\text{cm}^2)$

$\therefore$ (겉넓이)$=25+60=85\ (\text{cm}^2)$

03 (밑넓이)$=4\times4=16\ (\text{cm}^2)$

(옆넓이)$=\left(\dfrac{1}{2}\times4\times6\right)\times4=48\ (\text{cm}^2)$

$\therefore$ (겉넓이)$=16+48=64\ (\text{cm}^2)$

04 (밑넓이)$=6\times6=36\ (\text{cm}^2)$

(옆넓이)$=\left(\dfrac{1}{2}\times6\times10\right)\times4=120\ (\text{cm}^2)$

$\therefore$ (겉넓이)$=36+120=156\ (\text{cm}^2)$

05 (밑넓이)$=14\times14=196\ (\text{cm}^2)$

(옆넓이)$=\left(\dfrac{1}{2}\times14\times12\right)\times4=336\ (\text{cm}^2)$

$\therefore$ (겉넓이)$=196+336=532\ (\text{cm}^2)$

07 (밑넓이)$=10\times10=100$ (cm^2)

(높이)$=12$ cm

$\therefore$ (부피)$=\dfrac{1}{3}\times100\times12=400$ (cm^3)

08 (밑넓이)$=\dfrac{1}{2}\times7\times8=28$ (cm^2)

(높이)$=9$ cm

$\therefore$ (부피)$=\dfrac{1}{3}\times28\times9=84$ (cm^3)

09 (밑넓이)$=\dfrac{1}{2}\times3\times4=6$ (cm^2)

(높이)$=8$ cm

$\therefore$ (부피)$=\dfrac{1}{3}\times6\times8=16$ (cm^3)

10 (밑넓이)$=12\times12=144$ (cm^2)

(높이)$=6$ cm

$\therefore$ (부피)$=\dfrac{1}{3}\times144\times6=288$ (cm^3)

11 각뿔의 높이를 h cm라고 하면

(부피)$=\dfrac{1}{3}\times$(밑넓이)$\times$(높이)이므로

$480=\dfrac{1}{3}\times12\times12\times h$

$480=48\times h$ $\quad\therefore h=10$

따라서 높이는 10 cm이다.

12 각뿔의 밑면의 한 변의 길이를 a cm라고 하면

(부피)$=\dfrac{1}{3}\times$(밑넓이)$\times$(높이)이므로

$256=\dfrac{1}{3}\times a^2\times12$

$256=4a^2$

$a^2=64$ $\quad\therefore a=8$ ($\because a>0$)

따라서 밑면의 한 변의 길이는 8 cm이다.

13 각뿔의 높이를 h cm라고 하면

(부피)$=\dfrac{1}{3}\times$(밑넓이)$\times$(높이)이므로

$36=\dfrac{1}{3}\times\left(\dfrac{1}{2}\times6\times6\right)\times h$

$36=6h$ $\quad\therefore h=6$

따라서 높이는 6 cm이다.

ACT 48 138~139쪽

02 (밑넓이)$=\pi\times6^2=36\pi$ (cm^2)

(옆넓이)$=\pi\times6\times10=60\pi$ (cm^2)

$\therefore$ (겉넓이)$=36\pi+60\pi=96\pi$ (cm^2)

03 (밑넓이)$=\pi\times3^2=9\pi$ (cm^2)

(옆넓이)$=\pi\times3\times8=24\pi$ (cm^2)

$\therefore$ (겉넓이)$=9\pi+24\pi=33\pi$ (cm^2)

04 (밑넓이)$=\pi\times4^2=16\pi$ (cm^2)

(옆넓이)$=\pi\times4\times6=24\pi$ (cm^2)

$\therefore$ (겉넓이)$=16\pi+24\pi=40\pi$ (cm^2)

05 밑면인 원의 반지름의 길이는 $\dfrac{1}{2}\times10=5$ (cm)

(밑넓이)$=\pi\times5^2=25\pi$ (cm^2)

(옆넓이)$=\pi\times5\times12=60\pi$ (cm^2)

$\therefore$ (겉넓이)$=25\pi+60\pi=85\pi$ (cm^2)

07 (밑넓이)$=\pi\times12^2=144\pi$ (cm^2)

(높이)$=9$ cm

$\therefore$ (부피)$=\dfrac{1}{3}\times144\pi\times9=432\pi$ (cm^3)

08 (밑넓이)$=\pi\times2^2=4\pi$ (cm^2)

(높이)$=6$ cm

$\therefore$ (부피)$=\dfrac{1}{3}\times4\pi\times6=8\pi$ (cm^3)

09 밑면인 원의 반지름의 길이는 $\dfrac{1}{2}\times6=3$ (cm)

(밑넓이)$=\pi\times3^2=9\pi$ (cm^2)

(높이)$=8$ cm

$\therefore$ (부피)$=\dfrac{1}{3}\times9\pi\times8=24\pi$ (cm^3)

10 원뿔의 밑면의 반지름의 길이를 r cm라고 하면

(부피)$=\dfrac{1}{3}\times$(밑넓이)$\times$(높이)이므로

$48\pi=\dfrac{1}{3}\times\pi\times r^2\times9$

$48\pi=3\pi r^2$

$r^2=16$ $\quad\therefore r=4$ ($\because r>0$)

따라서 밑면의 반지름의 길이는 4 cm이다.

11 원뿔의 모선의 길이를 l cm라고 하면

(겉넓이)$=$(밑넓이)$+$(옆넓이)이므로

$14\pi=\pi\times2^2+\pi\times2\times l$

$14\pi=4\pi+2\pi l$

$\therefore l=5$

따라서 모선의 길이는 5 cm이다.

12 부채꼴의 중심각의 크기를 $x°$라고 하면

(부채꼴의 호의 길이)$=$(밑면인 원의 둘레의 길이)이므로

$2\pi\times8\times\dfrac{x}{360}=2\pi\times5$

$\dfrac{x}{45}=5$ $\quad\therefore x=225$

따라서 부채꼴의 중심각의 크기는 225°이다.

02 (밑넓이의 합)$=4\times4+10\times10=116$ (cm^2)

(옆넓이)$=\left\{\dfrac{1}{2}\times(4+10)\times8\right\}\times4=224$ (cm^2)

∴ (겉넓이)$=116+224=340$ (cm^2)

03 (밑넓이의 합)$=7\times7+12\times12=193$ (cm^2)

(옆넓이)$=\left\{\dfrac{1}{2}\times(7+12)\times10\right\}\times4=380$ (cm^2)

∴ (겉넓이)$=193+380=573$ (cm^2)

05 (큰 뿔의 부피)$=\dfrac{1}{3}\times9\times9\times9=243$ (cm^3)

(작은 뿔의 부피)$=\dfrac{1}{3}\times6\times6\times6=72$ (cm^3)

∴ (각뿔대의 부피)$=243-72=171$ (cm^3)

06 (큰 뿔의 부피)$=\dfrac{1}{3}\times6\times4\times8=64$ (cm^3)

(작은 뿔의 부피)$=\dfrac{1}{3}\times3\times2\times4=8$ (cm^3)

∴ (각뿔대의 부피)$=64-8=56$ (cm^3)

08 (밑넓이의 합)$=\pi\times2^2+\pi\times8^2=68\pi$ (cm^2)

(옆넓이)$=\pi\times8\times12-\pi\times2\times3=90\pi$ (cm^2)

∴ (겉넓이)$=68\pi+90\pi=158\pi$ (cm^2)

09 (밑넓이의 합)$=\pi\times5^2+\pi\times10^2=125\pi$ (cm^2)

(옆넓이)$=\pi\times10\times26-\pi\times5\times13=195\pi$ (cm^2)

∴ (겉넓이)$=125\pi+195\pi=320\pi$ (cm^2)

11 (큰 뿔의 부피)$=\dfrac{1}{3}\times\pi\times8^2\times12=256\pi$ (cm^3)

(작은 뿔의 부피)$=\dfrac{1}{3}\times\pi\times4^2\times6=32\pi$ (cm^3)

∴ (원뿔대의 부피)$=256\pi-32\pi=224\pi$ (cm^3)

12 (큰 뿔의 부피)$=\dfrac{1}{3}\times\pi\times6^2\times9=108\pi$ (cm^3)

(작은 뿔의 부피)$=\dfrac{1}{3}\times\pi\times2^2\times3=4\pi$ (cm^3)

∴ (원뿔대의 부피)$=108\pi-4\pi=104\pi$ (cm^3)

05 (단면의 넓이)$=\left(\pi\times5^2\times\dfrac{1}{2}\right)\times2=25\pi$ (cm^2)

(곡면의 넓이)$=4\pi\times5^2\times\dfrac{3}{4}=75\pi$ (cm^2)

∴ (겉넓이)$=25\pi+75\pi=100\pi$ (cm^2)

06 (단면의 넓이)$=\left(\pi\times6^2\times\dfrac{1}{2}\right)\times2=36\pi$ (cm^2)

(곡면의 넓이)$=4\pi\times6^2\times\dfrac{1}{4}=36\pi$ (cm^2)

∴ (겉넓이)$=36\pi+36\pi=72\pi$ (cm^2)

08 구의 반지름의 길이는 $\dfrac{1}{2}\times12=6$ (cm)

∴ (부피)$=\dfrac{4}{3}\pi\times6^3=288\pi$ (cm^3)

10 $\dfrac{4}{3}\pi\times4^3\times\dfrac{3}{4}=64\pi$ (cm^3)

11 구의 반지름의 길이를 r cm라고 하면

$4\pi r^2=16\pi$

$r^2=4$ ∴ $r=2$ ($\because r>0$)

따라서 반지름의 길이는 2 cm이다.

12 구의 반지름의 길이를 r cm라고 하면

$\dfrac{4}{3}\pi r^3=36\pi$

$r^3=27$ ∴ $r=3$

따라서 반지름의 길이는 3 cm이다.

13 (1) $\dfrac{1}{3}\times\pi\times3^2\times6=18\pi$ (cm^3)

(2) $\dfrac{4}{3}\pi\times3^3=36\pi$ (cm^3)

(3) $\pi\times3^2\times6=54\pi$ (cm^3)

(4) $18\pi:36\pi:54\pi=1:2:3$

14 (원뿔의 부피)$=\dfrac{1}{3}\times\pi\times5^2\times10=\dfrac{250}{3}\pi$ (cm^3)

(구의 부피)$=\dfrac{4}{3}\pi\times5^3=\dfrac{500}{3}\pi$ (cm^3)

(원기둥의 부피)$=\pi\times5^2\times10=250\pi$ (cm^3)

∴ (원뿔):(구):(원기둥)$=\dfrac{250}{3}\pi:\dfrac{500}{3}\pi:250\pi$

$=1:2:3$

02 $4\pi\times5^2=100\pi$ (cm^2)

03 구의 반지름의 길이는 $\dfrac{1}{2}\times18=9$ (cm)

∴ (겉넓이)$=4\pi\times9^2=324\pi$ (cm^2)

02 (밑넓이)$=\pi\times8^2-\pi\times3^2=55\pi$ (cm^2)

(옆넓이의 합)$=(2\pi\times8)\times10+(2\pi\times3)\times10$

$=160\pi+60\pi=220\pi$ (cm^2)

∴ (겉넓이)$=55\pi\times2+220\pi=330\pi$ (cm^2)

03 (밑넓이)$=6\times6-2\times2=32$ (cm^2)

(옆넓이의 합)$=(6+6+6+6)\times8+(2+2+2+2)\times8$

$\qquad\qquad\quad=192+64=256$ (cm^2)

$\therefore$ (겉넓이)$=32\times2+256=320$ (cm^2)

05 (밑넓이)$=\pi\times2^2\times\dfrac{1}{4}=\pi$ (cm^2)

(옆넓이)$=\left(2\pi\times2\times\dfrac{1}{4}\right)\times6+(2\times6)\times2=6\pi+24$ (cm^2)

$\therefore$ (겉넓이)$=2\pi+(6\pi+24)=8\pi+24$ (cm^2)

06 (밑넓이)$=\pi\times5^2\times\dfrac{270}{360}=\dfrac{75}{4}\pi$ (cm^2)

(옆넓이)$=\left(2\pi\times5\times\dfrac{270}{360}\right)\times9+(5\times9)\times2$

$\qquad\qquad=\dfrac{135}{2}\pi+90$ (cm^2)

$\therefore$ (겉넓이)$=\dfrac{75}{4}\pi\times2+\left(\dfrac{135}{2}\pi+90\right)=105\pi+90$ (cm^2)

08 (원뿔의 옆넓이)$=\pi\times6\times11=66\pi$ (cm^2)

(반구의 곡면의 넓이)$=4\pi\times6^2\times\dfrac{1}{2}=72\pi$ (cm^2)

$\therefore$ (겉넓이)$=66\pi+72\pi=138\pi$ (cm^2)

09 (반구의 곡면의 넓이)$=4\pi\times4^2\times\dfrac{1}{2}=32\pi$ (cm^2)

(원기둥의 옆넓이)$=(2\pi\times4)\times6=48\pi$ (cm^2)

(원기둥의 밑넓이)$=\pi\times4^2=16\pi$ (cm^2)

$\therefore$ (겉넓이)$=32\pi+48\pi+16\pi=96\pi$ (cm^2)

10

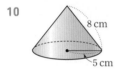

(밑넓이)$=\pi\times5^2=25\pi$ (cm^2)

(옆넓이)$=\pi\times5\times8=40\pi$ (cm^2)

$\therefore$ (겉넓이)$=25\pi+40\pi=65\pi$ (cm^2)

11

(곡면의 넓이)$=4\pi\times9^2\times\dfrac{1}{2}=162\pi$ (cm^2)

(단면의 넓이)$=\pi\times9^2=81\pi$ (cm^2)

$\therefore$ (겉넓이)$=162\pi+81\pi=243\pi$ (cm^2)

12

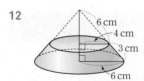

(밑넓이의 합)$=\pi\times4^2+\pi\times6^2=52\pi$ (cm^2)

(옆넓이)$=\pi\times6\times9-\pi\times4\times6=30\pi$ (cm^2)

$\therefore$ (겉넓이)$=52\pi+30\pi=82\pi$ (cm^2)

02 (큰 원기둥의 부피)$=\pi\times6^2\times8=288\pi$ (cm^3)

(작은 원기둥의 부피)$=\pi\times1^2\times8=8\pi$ (cm^3)

$\therefore$ (부피)$=288\pi-8\pi=280\pi$ (cm^3)

다른 풀이

(밑넓이)$=\pi\times6^2-\pi\times1^2=35\pi$ (cm^2)

(높이)$=8$ cm

$\therefore$ (부피)$=35\pi\times8=280\pi$ (cm^3)

03 (큰 원기둥의 부피)$=\pi\times7^2\times10=490\pi$ (cm^3)

(작은 원기둥의 부피)$=\pi\times3^2\times10=90\pi$ (cm^3)

$\therefore$ (부피)$=490\pi-90\pi=400\pi$ (cm^3)

다른 풀이

(밑넓이)$=\pi\times7^2-\pi\times3^2=40\pi$ (cm^2)

(높이)$=10$ cm

$\therefore$ (부피)$=40\pi\times10=400\pi$ (cm^3)

05 (부피)$=\pi\times3^2\times12\times\dfrac{1}{2}=54\pi$ (cm^3)

다른 풀이

(밑넓이)$=\pi\times3^2\times\dfrac{1}{2}=\dfrac{9}{2}\pi$ (cm^2)

(높이)$=12$ cm

$\therefore$ (부피)$=\dfrac{9}{2}\pi\times12=54\pi$ (cm^3)

06 (부피)$=\pi\times8^2\times7\times\dfrac{135}{360}=168\pi$ (cm^3)

다른 풀이

(밑넓이)$=\pi\times8^2\times\dfrac{135}{360}=24\pi$ (cm^2)

(높이)$=7$ cm

$\therefore$ (부피)$=24\pi\times7=168\pi$ (cm^3)

08 (반구의 부피)$=\dfrac{4}{3}\pi\times5^3\times\dfrac{1}{2}=\dfrac{250}{3}\pi$ (cm^3)

(원뿔의 부피)$=\dfrac{1}{3}\times\pi\times5^2\times12=100\pi$ (cm^3)

$\therefore$ (부피)$=\dfrac{250}{3}\pi+100\pi=\dfrac{550}{3}\pi$ (cm^3)

09 (원뿔의 부피)$=\dfrac{1}{3}\times\pi\times6^2\times8=96\pi$ (cm^3)

(원기둥의 부피)$=\pi\times6^2\times12=432\pi$ (cm^3)

$\therefore$ (부피)$=96\pi+432\pi=528\pi$ (cm^3)

10

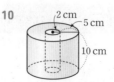

(큰 원기둥의 부피)$=\pi\times7^2\times10=490\pi$ (cm^3)

(작은 원기둥의 부피)$=\pi\times2^2\times10=40\pi$ (cm^3)

$\therefore$ (부피)$=490\pi-40\pi=450\pi$ (cm^3)

11

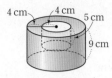

(큰 원기둥의 부피)$=\pi\times8^2\times9=576\pi$ (cm^3)

(작은 원기둥의 부피)$=\pi\times4^2\times5=80\pi$ (cm^3)

$\therefore$ (부피)$=576\pi-80\pi=496\pi$ (cm^3)

12

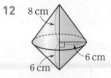

(위 원뿔의 부피)$=\dfrac{1}{3}\times\pi\times6^2\times8=96\pi$ (cm^3)

(아래 원뿔의 부피)$=\dfrac{1}{3}\times\pi\times6^2\times6=72\pi$ (cm^3)

$\therefore$ (부피)$=96\pi+72\pi=168\pi$ (cm^3)

ACT+
53

148~149쪽

02 (부피)$=\dfrac{1}{3}\times\left(\dfrac{1}{2}\times10\times10\right)\times10=\dfrac{500}{3}$ (cm^3)

03 (부피)$=\dfrac{1}{3}\times\left(\dfrac{1}{2}\times4\times3\right)\times8=16$ (cm^3)

[다른 풀이 1]
밑면이 △BCE라고 생각하면
(부피)$=\dfrac{1}{3}\times\left(\dfrac{1}{2}\times4\times8\right)\times3=16$ (cm^3)

[다른 풀이 2]
밑면이 △MCG라고 생각하면
(부피)$=\dfrac{1}{3}\times\left(\dfrac{1}{2}\times3\times8\right)\times4=16$ (cm^3)

04 (남은 물의 부피)
$=\dfrac{1}{3}\times\left(\dfrac{1}{2}\times8\times6\right)\times3=24$ (cm^3)

05 (남은 물의 부피)
$=\dfrac{1}{3}\times\left(\dfrac{1}{2}\times10\times10\right)\times6=100$ (cm^3)

06 (남은 물의 부피)
$=\dfrac{1}{3}\times\left(\dfrac{1}{2}\times15\times12\right)\times10=300$ (cm^3)

07 (A의 부피)$=\pi\times6^2\times4=144\pi$ (cm^3)

(B의 부피)$=\pi\times4^2\times h=16\pi h$ (cm^3)

즉, $144\pi=16\pi h$이므로 $h=9$

08 (A의 부피)$=\pi\times3^2\times8=72\pi$ (cm^3)

(B의 부피)$=\dfrac{1}{3}\times\pi\times8^2\times h=\dfrac{64}{3}\pi h$ (cm^3)

즉, $72\pi=\dfrac{64}{3}\pi h$이므로 $h=\dfrac{27}{8}$

09 (A의 부피)$=\pi\times3^2\times5=45\pi$ (cm^3)

(B의 부피)$=\pi\times3^2\times h\times\dfrac{1}{2}=\dfrac{9}{2}\pi h$ (cm^3)

즉, $45\pi=\dfrac{9}{2}\pi h$이므로 $h=10$

10 (A의 부피)$=\dfrac{4}{3}\pi\times10^3\times\dfrac{1}{2}=\dfrac{2000}{3}\pi$ (cm^3)

(B의 부피)$=\dfrac{1}{3}\times\pi\times10^2\times h=\dfrac{100}{3}\pi h$ (cm^3)

즉, $\dfrac{2000}{3}\pi=\dfrac{100}{3}\pi h$이므로 $h=20$

11 (A그릇에 담긴 물의 부피)
$=\dfrac{1}{2}\times3\times4\times9=54$ (cm^3)

(B그릇에 담긴 물의 부피)
$=\dfrac{1}{2}\times(4+8)\times3\times h=18h$ (cm^3)

즉, $54=18h$이므로 $h=3$

12 (A그릇에 담긴 물의 부피)
$=\dfrac{1}{3}\times\pi\times3^2\times8=24\pi$ (cm^3)

(B그릇에 담긴 물의 부피)
$=\pi\times4^2\times h=16\pi h$ (cm^3)

즉, $24\pi=16\pi h$이므로 $h=\dfrac{3}{2}$

13 (A그릇에 담긴 물의 부피)
$=\dfrac{1}{3}\times\left(\dfrac{1}{2}\times16\times20\right)\times10=\dfrac{1600}{3}$ (cm^3)

(B그릇에 담긴 물의 부피)
$=16\times10\times h=160h$ (cm^3)

즉, $\dfrac{1600}{3}=160h$이므로 $h=\dfrac{10}{3}$

14 (A그릇에 담긴 물의 부피)
$=\dfrac{1}{2}\times5\times h\times3=\dfrac{15}{2}h$ (cm^3)

(B그릇에 담긴 물의 부피)
$=\dfrac{1}{3}\times\left(\dfrac{1}{2}\times8\times5\right)\times3=20$ (cm^3)

즉, $\dfrac{15}{2}h=20$이므로 $h=\dfrac{8}{3}$

150~151쪽

01 (밑넓이)$=\dfrac{1}{2}\times(2+8)\times4=20\ (\text{cm}^2)$

(옆넓이)$=(5+8+5+2)\times7=140\ (\text{cm}^2)$

$\therefore$ (겉넓이)$=20\times2+140=180\ (\text{cm}^2)$

02 (밑넓이)$=\pi\times5^2=25\pi\ (\text{cm}^2)$

(옆넓이)$=\pi\times5\times11=55\pi\ (\text{cm}^2)$

$\therefore$ (겉넓이)$=25\pi+55\pi=80\pi\ (\text{cm}^2)$

03 정육면체의 한 모서리의 길이를 $a\ \text{cm}$라고 하면

(겉넓이)$=$(밑넓이)$\times2+$(옆넓이)이므로

$294=2a^2+4a^2,\ 294=6a^2$

$a^2=49\qquad\therefore a=7\ (\because a>0)$

따라서 한 모서리의 길이는 $7\ \text{cm}$이다.

다른 풀이

(겉넓이)$=$(밑넓이)$\times6$이므로

$294=6a^2,\ a^2=49$

$\therefore a=7\ (\because a>0)$

04 (겉넓이)$=$(밑넓이)$+$(옆넓이)이므로

$340=10\times10+\left(\dfrac{1}{2}\times10\times h\right)\times4$

$340=100+20h$

$20h=240\qquad\therefore h=12$

05 구의 반지름의 길이를 $r\ \text{cm}$라고 하면

$\dfrac{4}{3}\pi r^3=\dfrac{256}{3}\pi$

$r^3=64\qquad\therefore r=4$

$\therefore$ (겉넓이)$=4\pi\times4^2=64\pi\ (\text{cm}^2)$

06 (원기둥의 부피)$=\pi\times r^2\times2r=2\pi r^3\ (\text{cm}^3)$

(원뿔의 부피)$=\dfrac{1}{3}\times\pi\times r^2\times2r=\dfrac{2}{3}\pi r^3\ (\text{cm}^3)$

(구의 부피)$=\dfrac{4}{3}\pi r^3\ (\text{cm}^3)$

$\therefore 2\pi r^3:\dfrac{2}{3}\pi r^3:\dfrac{4}{3}\pi r^3=3:1:2$

07 (A의 부피)$=\dfrac{4}{3}\pi\times4^3\times\dfrac{1}{2}=\dfrac{128}{3}\pi\ (\text{cm}^3)$

(B의 부피)$=\dfrac{1}{3}\times\pi\times4^2\times h=\dfrac{16}{3}\pi h\ (\text{cm}^3)$

즉, $\dfrac{128}{3}\pi=\dfrac{16}{3}\pi h$이므로 $h=8$

08 (밑넓이의 합)$=2\times2+7\times7=53\ (\text{cm}^2)$

(옆넓이)$=\left\{\dfrac{1}{2}\times(2+7)\times5\right\}\times4=90\ (\text{cm}^2)$

$\therefore$ (겉넓이)$=53+90=143\ (\text{cm}^2)$

09 (단면의 넓이)$=\left(\pi\times4^2\times\dfrac{1}{4}\right)\times3=12\pi\ (\text{cm}^2)$

(곡면의 넓이)$=4\pi\times4^2\times\dfrac{1}{8}=8\pi\ (\text{cm}^2)$

$\therefore$ (겉넓이)$=12\pi+8\pi=20\pi\ (\text{cm}^2)$

10 (밑넓이)$=\pi\times5^2-\pi\times1^2=24\pi\ (\text{cm}^2)$

(옆넓이의 합)$=(2\pi\times5)\times8+(2\pi\times1)\times8=96\pi\ (\text{cm}^2)$

$\therefore$ (겉넓이)$=24\pi\times2+96\pi=144\pi\ (\text{cm}^2)$

11 (반구의 곡면의 넓이)$=4\pi\times3^2\times\dfrac{1}{2}=18\pi\ (\text{cm}^2)$

(원기둥의 옆넓이)$=(2\pi\times3)\times5=30\pi\ (\text{cm}^2)$

$\therefore$ (겉넓이)$=18\pi\times2+30\pi=66\pi\ (\text{cm}^2)$

12 (밑넓이)$=\dfrac{1}{2}\times4\times4=8\ (\text{cm}^2)$

(높이)$=3\ \text{cm}$

$\therefore$ (부피)$=\dfrac{1}{3}\times8\times3=8\ (\text{cm}^3)$

13 (큰 원뿔의 부피)$=\dfrac{1}{3}\times\pi\times10^2\times14=\dfrac{1400}{3}\pi\ (\text{cm}^3)$

(작은 원뿔의 부피)$=\dfrac{1}{3}\times\pi\times5^2\times7=\dfrac{175}{3}\pi\ (\text{cm}^3)$

$\therefore$ (원뿔대의 부피)$=\dfrac{1400}{3}\pi-\dfrac{175}{3}\pi=\dfrac{1225}{3}\pi\ (\text{cm}^3)$

14 $\pi\times5^2\times8\times\dfrac{120}{360}=\dfrac{200}{3}\pi\ (\text{cm}^3)$

다른 풀이

(밑넓이)$=\pi\times5^2\times\dfrac{120}{360}=\dfrac{25}{3}\pi\ (\text{cm}^2)$

(높이)$=8\ \text{cm}$

$\therefore$ (부피)$=\dfrac{25}{3}\pi\times8=\dfrac{200}{3}\pi\ (\text{cm}^3)$

15 (위 원뿔의 부피)$=\dfrac{1}{3}\times\pi\times3^2\times4=12\pi\ (\text{cm}^3)$

(아래 원뿔의 부피)$=\dfrac{1}{3}\times\pi\times3^2\times4=12\pi\ (\text{cm}^3)$

$\therefore$ (부피)$=12\pi+12\pi=24\pi\ (\text{cm}^3)$

다른 풀이

위와 아래 원뿔은 밑넓이와 높이가 같으므로

(입체도형의 부피)$=$(원뿔의 부피)$\times2$

$=\left(\dfrac{1}{3}\times\pi\times3^2\times4\right)\times2$

$=24\pi\ (\text{cm}^3)$